文庫
77

R. P. ファインマン
釜江常好・大貫昌子［訳］

光と物質のふしぎな理論

私の量子電磁力学

岩波書店

QED

The Strange Theory of Light and Matter

by Richard P. Feynman

First published 1985 by Princeton University Press, New Jersey.

First Japanese edition published 1987,
this paperback edition published 2007
by Iwanami Shoten, Publishers, Tokyo
by arrangement with Princeton University Press, New Jersey
through Tuttle-Mori Agency, Inc., Tokyo.

まえがき

アリックス・モートナー記念講演は、一九八二年に他界した私の妻アリックスを記念して企画されたものである。アリックスの専門は英文学ではあったが、科学にもなみなみならぬ興味をもっていた。したがって、科学に興味をよせる一般知識人を対象とし、科学の精神と成果を伝える目的で連続講演を毎年開くための基金を、彼女の名において設立するのは誠にふさわしいことと思う。

友人リチャード・ファインマンが、この連続講演の最初を飾ってくれることになり、こんなにうれしいことはない。彼と私とはニューヨーク州ファー・ロッカウェイの幼年時代以来の友達で、知り合ってからかれこれ五五年にもなろうか。アリックスとリチャードとは二二年来の旧知の仲であるが、彼女はいつも物理学とは縁のない素人にも理解できるように、小さな粒子の物理学を説明してほしいと彼にたのんでいたのであった。

終りにこのアリックス・モートナー基金を助け、この記念講演の実現に尽力してくださった方々に厚くお礼を申しあげたい。

一九八三年五月

ロサンゼルスにて

レオナード・モートナー

序

リチャード・ファインマンは、彼独特の自然観で独自の学問を築いてきた物理学界の伝説的人物である。決して既知の事実をうのみにせず、根底から自分で考えぬくことで、彼はしばしば自然現象をまったく新しい視点から見直し、理解を深めてきた。そしてこの学問を新鮮でエレガントで、しかも簡潔に説明することのできる誠に珍しい人である。

ファインマンはまた、学生相手に物理学を説明して聞かせることを無上の喜びとする人としても知られている。格式高い団体や協会から殺到する講演依頼は断わるのに、近所の高校の物理クラブなどから生徒がふらりとやってきて話を頼むと、快く引き受けてしまうのだ。

この本は、量子電磁力学という難解な物理学の理論を、素人にそのままずばりと説明しようという、私たちの知る限りでは試みられたことのない大冒険に挑戦している。自然を説明するために、物理学者たちがたどりついた考えを読者に味わってもらい、理解してもらおうというのがこの本の目的である。

これから物理学を勉強しようという読者も、現在勉強中の読者も、別にあわてて今までの考え方を捨てる必要はない。この本には物理学の骨組がすみずみまで正確に、しかも完全に説明されている。この骨組を土台にし、もっと進んだ概念をいくらでもこの上に付け加えてゆくことができるはずである。もうすでに物理学を学んだことのある読者には、自分が夢中で複雑怪奇な計算に取りくんでいたとき、実際にどういうことをやろうとしていたのかが、はっきりしてくることと思う。

リチャード・ファインマンは子供の頃、「ひとりのバカにできることなら、どのバカにもできるはずだ」という言葉で始まる微積分の本を見て、微積分学を勉強する気になったという。そこで「このバカにわかることなら、どのバカにもわかるはずだ」という言葉をつけて、著者はこの本を皆さんにプレゼントしたいと言うのである。

一九八五年二月

カリフォルニア州パサデナにて

ラルフ・レイトン

ファインマンの挨拶

この本は、私がロサンゼルスのカリフォルニア大学で行なった量子電磁力学の講演のテープを、親友ラルフ・レイトン君が稿をおこし、編集の労をとってくれたものである。もとの講演と比べ、この原稿にはかなりの改訂がなされているが、この量子電磁力学という物理学の中心ともなる分野を、より広範な読者に向けて紹介するについては、レイトン君の教師やライターとしての経験が非常に役に立った。

いわゆる「ポピュラーな」科学解説というものは、得てして内容をゆがめてしまったり、似ても似つかないようなものに変えてしまったりすることで、見かけはわかりやすくしているものが多いようだ。しかしこの本の主題を尊重するわれわれの気持が、そのようなことだけはどうしても許さなかった。何時間もの話合いを通して、真実をゆがめてしまうような妥協をすることなく、もっとも簡明でわかりやすい量子電磁力学の解説を試みたつもりである。

目　次

1 はじめに

アリックス・モートナーは物理学に深い興味をよせていて、よく私にいろいろなことを説明してほしいといってきたものです。木曜日ごとに私のところへやってきては一時間話を聞いていく、キャルテク(カリフォルニア工科大学)の学生を相手に話すのと同じことはできるにしても、やがて一番興味あるあの変てこな量子力学のところまでくると、どうしてもひっかかってしまう。そこで私はアリックスに、これは一時間や一晩ではとうてい説明できそうにない、かなりの時間がかかりそうだから、いつかきっとこれだけを主題にした講義を準備することにしようと約束したのでした。

さて準備ができあがったので、私はまずニュージーランドでこれを試してみました。というのもはるか遠方のニュージーランドなら、たとえ失敗したところで誰にも知られないだろうと思ったからです。ところがニュージーランドの人たちがけっこう喜んでくれたので、これなら(少なくともニュージーランドではの話ですが)この講義もまず大丈夫かなと、少し安心したわけです。このようにこの話はもともとアリックスのために準備したものですが、残念ながらもはやアリックスには、じかに聞いてもらうことができなくなりました。

この講義の中で私は、物理学の中でも未知の部分ではなく、よくわかっている部分についてお話したいと思います。人は寄るとさわるとすぐ、ある理論ともう一つの理論を統一する理論は最近どうなっているか、などということばかり聞きたがり、私たちがよく知りぬいている理論については話もさせてくれない。どういうわけか、われわれ専門家にもわかっていないことばかり知りたがるのです。ですから今度は、中途半端な理解しかできていないような生半可な理論で皆さんの耳を煩わせるより、一つもっと徹底的に理解できている理論について、ぜひお話したいのです。私が物理学の中でも大好きで、ほんとうに面白いと思っているのが、ここでお話する量子電磁力学(quantum electrodynamics)、略してQEDとよばれている理論です。

私は今から光と物質、もっと正確には光と電子との相互作用に関するこのいともふしぎな理論を、できるだけ明確に説明することを目指して、話を進めてゆきたいと思います。私のお話したいことを全部並べているときりがありませんが、この講演は四回ということになっていますから、あわてず急がずじっくり話を進めていっても大丈夫でしょう。

歴史的に見ると、物理学というものはさまざまな現象をいくつかの理論にまとめあげていく作業を続けて、今日に至っています。古くは力学運動や熱現象、音、光、重力の現象などが、てんでんばらばらに扱われていましたが、アイザック・ニュートンが力学運動の法則を解明してからは、このようにてんで無関係のように見える諸現象が、実は同じもののいろいろな局面であるということがわかってきました。たとえば音という現象も運動と別ものではなく、空気中の原子の運動として完全に理解できるようになったわけです。熱の現象にしても、力学運動の法則にあてはめて容易に解釈できることがわかってきました。このようにしてやたらたくさんあった物理学理論のかずかずが、だんだん単純な理論へと整理統合されてきたわけです。ただし重力の理論だけは例外で、力学運動の法則ではどうしても説明できない。今日でもまだ重力だけは孤立していて、他の現象からは説明できないものとされています。

こうして運動、音、熱の各現象を統合的に解釈することに成功しましたが、その後にきたのは、私たちが電気とか磁気とか呼んでいる一連の現象の発見です。この二つの現象は、一八七三年にジェームズ・クラーク・マックスウェルという人によって光や光学的現象と統合され、一つの理論としてまとめられました。彼は光は電磁気の波(電磁波)であると考えたのです。ですからその時点では、力学運動の法則、電気および磁気の法則、そして重力の法則という三つの法則が存在したわけです。

さて西暦一九〇〇年ごろ、今度は物質とは何かということを説明する理論が出てきました。これは物質の電子論とよばれていますが、要するに原子の中に電気をおびた粒子があるとする説です。そして時が経つうちに、この理論はだんだん発展してゆき、重い原子核のまわりを電子が回っている原子をも説明するようになりました。

　ちょうどニュートンが地球の公転を説明するのに運動の法則を使ったように、原子核のまわりを回転する電子の運動を力学運動の法則を使って説明しようとする試みがなされましたが、これは完全な失敗に終りました。（話はわきにそれますが、物理学に画期的革命をもたらしたと皆が考えている例の相対性理論も、だいたいこの時代に育ってきたものです。ところがニュートンの運動の法則が原子についてはぜんぜん当てはまらないということを指摘したこの量子力学の発見に比べれば、相対性理論の方はそれにごく小さな修正を加えただけのことでした。）ニュートンの法則にとって代る別な学問体系を作りあげるのは並大抵のことではなく、ずいぶん時間がかかりました。というのは、原子のレベルではいろいろ奇妙な現象が起きるからです。原子のレベルで起きるそのような奇妙な現象をほんとうに理解するには、まずいままでの常識をかなぐり捨てなければなりませんでした。一九二六年になってやっと、物質の中の電子の「新しいタイプのふるまい」を説明する、一見「常識はずれ」な説が出されたのです。量子力学とよばれるこの説は、見たところは奇妙きてれつでおよそ常軌を逸しているようでしたが、実際は決してそうではなかった。そもそもこの「量子」というのは、自然のもつ常識に合わない奇妙な面をさすため考えられた言葉です。そしてこれこそ私がこれから皆さんにお話したいと思っていることなのです。

この量子力学はさらにさまざまな細かい部分、たとえばなぜ酸素一個が水素二個と結びついて水を構成するのか、などというようなことまで説明しました。つまり量子力学は、化学の裏付けを提供したわけです。したがって理論化学の基礎というものは、実は物理学であると言えます。

量子力学はこうして、化学全般、さらには物質のさまざまな性質を説明してのけるという大成功を収めましたが、それでもまだ残ったのが光と物質の間の相互作用の問題でした。つまりさっきのマックスウェルの電気および磁気に関する理論は、その後誕生した量子力学の新しい原理に合うように、変える必要があったわけです。そういうわけで、光と物質の相互作用の量子論、一般には「量子電磁力学」(略してQED)などという恐ろしげな名前でよばれている新しい説が、一九二九年に何人かの物理学者によって生みだされたのです。

ところがこの説には問題がありました。何かを大ざっぱに計算しようとすると、ほぼ納得のゆく答を出すことができるのですが、もっと正確に計算しようとすると、はじめのうちたいしたことはないと思っていた(たとえば級数の低次項程度といった)補正項が、予想に反して大きくなるのです。大きいどころか、実は無限大だったのです! つまりある程度以上の正確な計算は決してできないということになったわけです。

ところでいままでざっとお話してきたことは、私が「物理学者による物理学史」とよんでいるもので、決して実際に即した正確な歴史とは言い難いのです。今お話した歴史は、物理学者が弟子に話し、その弟子がそのまた弟子に語り伝えるといったたぐいの、伝承化された神話のようなもので、必ずしも物理学発展の歩みを実際にたどったものではありません。物理学の歴史的発達が事実どのような道筋を通ってきたかなど、ほんとうを言うとこの私にすらわからないのです。

それはともかく、この「歴史」の話をつづけますと、次にポール・ディラックという人が相対性理論を利用した電子の理論を作ったのですが、光と電子の相互作用の影響を全部考慮に入れたわけではありませんでした。この理論によると、電子は磁気モーメント(小さな磁石の力のようなもの)を持っており、その力はある単位において正確に一であるというのです。ついで一九四八年頃に実験で、この数値は一・〇〇一一八(誤差はごくわずかで、末尾の桁で三くらいのものです)であることが発見されました。当時電子が光と互いに影響し合うことはわかっていたので、ある程度の補正が必要であることは予想できました。そして新しく生まれた量子電磁力学がこの補正を正確に算出できるものと期待されていたのです。ところがこれを実際に計算してみると、結果は一・〇〇一一八どころか、無限大だったのです！ 無限大ということは、つまり実験結果から見ると理論の方が間違っているということになります。

量子電磁力学の計算で出てきたこの問題は、一九四八年頃、ジュリアン・シュウィンガー、朝永振一郎両博士と私の三人がついに解決したのですが、新しい「シェルゲーム」(貝殻がどちらの手の中にあるかを当てる手品)というものを使って最初にこの修正計算をやってのけたのはシュウィンガーでした。一・〇〇一一六というのが彼の理論上の数字でしたが、これは実験上の数字とたいへん近かったので、われわれがだいたい正しい方向に向っていることはわかりました。こうしてついに精密な計算のできる電気と磁気の量子論を作りあげたのです！ さて、これからこの理論についてお話することにしましょう。

量子電磁力学は生まれてからもう五〇年以上になりますが、その間ますます広い範囲でより精密なテストが繰り返され、現在では実験と理論の間に有意な違いは存在しないと、大威張りで断言することができるまでになりました。この説がどんなにきびしくしぼり上げられてきたかは、今ここにあげる最近の実験値をみればわかります。実験で出した前出のディラックの数は、一・〇〇一一五九六五二二一(末尾桁に四程度の誤差がある)ですが、理論の方からは一・〇〇一一五九六五二四六(誤差は実験の誤差の五倍くらい)となっています。この数値の精度をもっと身近にわかっていただくために言いかえますと、ニューヨークからロサンゼルスまでの全距離を測ったとき、その誤差が人間の髪の毛の太さに過ぎないということに相当します。過去五〇年間、量子電磁力学はこれほど細微にわたり、理論と実験の両方からテストされてきたのです。ここでは数値を一つしかあげませんでしたが、他にも同じくらいの精度で測られ、理論と実験がよく一致しているものは、たくさんあります。距離のスケールで言えば小さい方では原子核の一〇〇分の一から、大きい方では地球の数百倍まで、実に広範囲にわたっていろいろテストされています。こうしてやたらに数字を並べたてたのは、実は何とか皆さんをおどろかして、「なるほどこの説はホンモノだ」と思っていただこうという魂胆からなのです！　この連続講演が終るまでには、どのようにしてこういった計算がなされるのか、ぜひ説明したいと思っています。

さてここで私はもう一度、この量子電磁力学が非常に広範な現象を説明できるということを強調したいと思います。あるいは逆に言った方がわかりやすいかもしれません。つまり物質世界の現象なら、重力、すなわちいま皆さんを椅子に座らせている力(もっともこれは重力だけでなく、礼儀もかなり混じっているのではないかと思いますが)、それと原子核のエネルギー準位間の遷移で出てくる放射線などに関した現象、この二つを除いてはすべて量子電磁力学で説明できるということです。

では重力と放射線の現象(正確には原子核物理学)を除いたらいったい何が残るかと言い

ますと、車を走らせるガソリンの燃焼とか、大小の泡、塩や銅の硬さ、鋼の剛度などが例にあげられます。事実生物学者たちは、生命というものをできるだけ化学的に説明しようとしていますが、この化学の背後にある理論は、前にも述べたように量子電磁力学なのです。

私はいま物質界の現象はすべてこの理論によって説明可能だと言いましたが、ここではっきりさせておかなくてはならないのは、説明可能だといっても実際に説明できるとは限らないことです。事実私たちの身近にある現象には、実に莫大な数の電子がかかわっているので、われわれ人間の頭ではその複雑さにとうていついてゆけるものではありません。こういった場合われわれはただ、量子電磁力学理論を使ってどういうことが起るはずかを、ざっと見積ることしかできないのですが、実際にもほぼその通りのことが起るのです。一方、実験室内で数個の電子だけがあるという単純な状況を作り出せば、何が起きるかを非常に精密に計算したり、また精密に測定することができます。こういった実験に対しては、量子電磁力学は非常に正確な予測ができるのです。

私たち物理学者は、この理論にどこか悪いところはないかと、絶えずチェックしています。それはゲームのようなもので、もし間違いでも見つければたいへん面白いことになるのですが、幸か不幸か今のところ、この量子電磁力学に不都合なところは見つかっていません。ですからあえて言いますと、この理論は物理学の至宝、私たちのもっとも誇りとする財産ということになります。

量子電磁力学の理論はさらに、原子核内で起る核現象を説明するための新しい理論のプロトタイプ(原型)にもなっています。仮に物質の世界を舞台とみなせば、原子核の外にある電子だけでなく、核の中にあるクォークやグルオンなど何十種もの粒子たちが役者ということになりましょう。この役者たちは互いにぜんぜん似ていないように見えますが、どれも皆「量子」スタイルとでもよぶべき、独特の奇妙なスタイルで演技をするのです。この講義の終りに核粒子(素粒子)のことをすこしお話するつもりですが、ここではわかりやすくするため、光の粒子(光子)と電子だけについて述べることにしましょう。それというのも、粒子どもがどのような演技をするかということの方が大切だからです。しかもこの演技というのがすこぶる面白いのです。

これで皆さんにも、私がいまから何のお話をするかはわかっていただけたと思いますが、その話の内容をほんとうに理解してもらえるかどうかということが次の問題になります。だいたい科学の講演などを聞きにくる人は、その内容がほんとうに理解できるなどとはこれっぽっちも思っていない。まあ講師が気のきいた色のネクタイでもしているのを眺めようなどと思っている。ところがここではそういうわけにもいかない。(ファインマンはノータイである。）

今から皆さんにお話しようとすることは、ふつう大学院の三年目か四年目ぐらいの物理学専攻の学生に教えることがらなのですが、そもそもこれを皆さんにもわかるように説明できるものでしょうか？　残念ながらそれはどだい無理というものでしょう。それではいったいなぜ今私はこうして皆さんの耳を借りているのか？　私が言おうとしていることがわからないに決っているのに、なぜ皆さんはここに座って時間をつぶさなくてはならないのでしょうか？　実はここでの私の務めは、皆さんがわかりっこないからといって、物理学を食わずぎらいになってしまわないようにすることにあるのです。第一私の大学の物理の学生だって、ほんとうにはわかっていないのです。なぜかと言えば、この私にだってわからないからで、そもそもほんとうにわかっている人などどこにもいはしないのです。

ここで「理解」ということについてもうすこしお話したいと思います。一般に講義を聴いてわからない場合、それにはいくつか理由があるもので、まず講師の話し方がまずい——言おうと意図していることをそのまま言い表わさなかったり、言い方があべこべだったりする、そういうときはなかなか話がわかりにくいものです。しかしこれはどちらかといえば大した問題ではありません。そういう私もニューヨーク訛りがうっかり出てこないよう、せいぜい気をつけることにしましょう。

もう一つよくあることは、特に物理学者に多いのですが、普通の単語を変てこな風に使う場合です。たとえば物理学者はよく「仕事」とか「作用」とか「エネルギー」とか、そしていまにわかりますが「光」とかいうごくありふれた言葉をテクニカルな目的で使います。つまり私が物理学上「仕事」という言葉を使った場合、これはたとえば道路工事をする人の「労働」とは違うのです。この講義中私もうっかりそういった言葉を、普通と違った意味に使うことがあるかと思います。できるだけ気をつけるようにしますが、これもよくある誤りです。

私の言っていることがわかりにくいという場合のもう一つの理由はこうです。私は皆さんに自然がどのようにふるまうかを説明しますが、皆さんは聞いていてなぜ自然がそのようにふるまうのかは一向にわからないだろうと思います。それもそのはずで、それを知っている者は誰一人いないのです。だから私にせよ、自然がなぜそのような独得のふるまいをするのかを説明することはできません。

最後に私がいくら説明しても、皆さんがどうしても信じられないということもあり得ます。どうしても納得がいかない、いやどうも気にくわない、と感じたとたん心の扉がぴたりと閉ざされて、こちらが何を言っても皆右から左へ素通りになってしまいます。私はこれから皆さんに自然がどうなっているかについてお話したいのですが、これが皆さんの気にくわなければ、理解に大いにさしさわりが出てきます。物理学者の間ではこのような場合、次のように、対処するのが慣わしです。つまりある理論を気に入る入らないということが肝心なのではなく、その理論が実験の結果を予測できるかどうかの方が、はるかに大切だと考えるのです。一つの理論が哲学的にすばらしいかどうかとか、わかりやすいかとか、常識で考えてすんなり納得がいくかどうかなどが問題なのではない。量子電磁力学が解明する自然の性質にしても、常識で考えればまったく不条理としか言えません。ところがこれが実験とぴったり一致するのです。ですから私は皆さんに自然の性質のあるがままの姿、つまりどうも理屈に合わない変てこなその姿を、そのまま受け入れていただきたいと願う次第です。

私は自然のこの常識外れな性質が非常に面白いと思っていますので、これについてお話するのも実に楽しみなのです。皆さんも「そんな馬鹿な……自然がそんな変てこなはずがあるものか」などとそっぽを向かず、どうかおしまいまで私の話を聞いていただきたい。そうすればこの講演が終るころには、私と同じように、自然とはなかなか愉快なものだと思うようになっていただけるのでは……と願っているのです。

さてそれでは、物理専攻の大学院三年生にならなければ聞けないような話を皆さんに説明するにはどうすればよいか。私はたとえ話を使って説明を進めたいと思います。古くマヤのインディオたちは、金星を暁の明星・宵の明星と呼んでその出没に非常に興味をもっており、次にいつ出てくるかということに特別な関心がありました。彼らは何年もかかって観測した末、この金星の五周期は彼らが「決めた」一年(つまり三六五日)の八回分とほぼ一致することを発見しました。(このインディオたちは季節に基づく実際の一年(回帰年)と、この彼らが「決めた」一年にはずれがあることも知っていて、二つの差の計算もちゃんとやっています。)

これらを計算するにあたりマヤの人たちは、ゼロも含めた数を棒と点で表わす方法を編みだし、計算のルールを決めました。そしてこれによって金星の出没だけでなく、月蝕その他の天体現象まで予測することができるようになりました。

マヤの時代では、そんな複雑な計算ができるのは少数の坊さんたちに限られていましたが、もし今私たちがその一人をつかまえて、この次に金星が暁の明星として昇るのはいつかを予測する計算のほんの一部分、つまり引算をどうすればいいのかをたずねたとします。今と違って私たちは学校に行ったこともなく、引算のやり方など知らなかったとしましょう。さてマヤの坊さんは、私たちに引算というものをどのようにして説明するでしょうか?

彼は点と棒で表わす数をまず私たちに教えてから、数を「引く」ルールを教えるか、次のような実際の「引算」を説明することもできます。「五八四から二三六を引くものとすると、まず豆を五八四個数えてつぼに入れ、その中から二三六個の豆を取り出してのけておく。そしてつぼの中に残った豆を数えれば、その数が五八四から二三六を引いた計算の結果なのだ」と。

皆さんはきっと「うへっ、とんでもない！　そんなにたくさんの豆をいちいち数えて、つぼに入れたり出したり、そんな面倒なことができるもんか！」と言われるでしょう。

そうするとその坊さんは「だからこそ点や棒のルールを作ったのじゃよ。ルールは間違いのもとになることもあるが、答を出すのには豆を数えるよりずっと能率のよい方法じゃ。ここで大切なのは、どっちの方法を使おうと、こと答に関する限りは何の違いもないということだ。つまり豆を数えようが(わかりやすいがのろい方法)、ちょっと危なっかしいルール(ずっと速いが、これを習得するには何年も学校にゆく必要がある)を使おうが、金星が次に現れる時を予測することはできるということじゃ」と答えるに違いありません。

引算がどのようにして実行されるかを理解するのは、実際に自分で面倒な計算をしなくてよいのなら簡単なことです。これがこの講演にあたって私のとる論法です。つまり私はこれから、自然はどのような性質をもち、どのようにふるまうものかを予測するために、物理学者たちがしていることをお話はしますが、その計算を実際に能率的にやる方法は教えないつもりです。この新しい理論、量子電磁力学を使って正確な予測をするには、紙の上にいやと言うほどたくさんの小さな矢印を書かなくてはならないことは、皆さんもそのうち悟られることと思います。複雑で間違いやすいが能率的な方法で計算できるまでには、学部で四年、大学院で三年、しめて七年かかるのです。この七年間の物理学の習得過程をとばして、われわれが実際に何をしているかを説明し、量子電磁力学を理解してもらうというのが私の目的です。そしてその結果、物理学専攻の学生より皆さんの方が、よっぽどよく量子電磁力学を理解しているということになれば……とひそかに願う次第です。

さて、さっきのマヤのインディオにもどり、話をもう一歩進めて、金星の五周期がなぜ二九二〇日、つまり八年とほぼ一致するのかをたずねてみましょう。「なぜ」かという問に答えるため、さまざまな理論が考案されるでしょう。たとえば「わが数のシステムでは、二〇は重要な数字となっており、二九二〇を二〇で割れば一四六となる。そしてこの数は二つの異なった方法により、二つの平方の和として表わすことのできる数より一つ多いだけである」などという、およそチンプンカンプンの理論が現われるかもしれません。けれどもこんなものは、実際の金星とは何の関係もありはしない。現代ではこの種の理論は役に立たないことがわかっています。前にも言ったように、自然がなぜわれわれが見るような奇妙なふるまいをするのかということにこだわるのはやめましょう。どだい「なぜ」を説明できる良い理論などないのです。

今までこうしてお話してきたのは、実を言うと皆さんが私の話に耳を傾けてくれるムードをつくるためだったのです。何しろ聴いてもらえなければこの講演などまったく無意味になるのですから。さてこれでお膳立てが整いました。そろそろ本題に入りましょう。

まず光の話から始めましょう。ニュートンが光について考え始めたとき第一に気がついたことは、白い光は実はさまざまな色の光が混ざったものだということでした。彼はプリズムを使って白い光をいろいろな色に分けましたが、そのうちの一色、たとえば赤をもう一回プリズムにかけても、もうそれ以上分けることはできませんでした。そこでニュートンは、白色光は、それ以上分けることができないという意味において純粋な色が、何色か混ざりあったものであるという結論を下しました。

(実際には各々の単色光は、さらに違った形、いわゆる「偏光」によって、もう一度分けることができますが、この点は量子電磁力学の理解に重要ではないので、ことを簡略にするため割愛することにします。「偏光」なしにはこの理論の完全な説明にはならないことも承知していますが、省略してもこれからの話を真に理解する妨げにはなりません。ただこうして割愛する点は、ちゃんとあげておきたいと思います。)

この講演中私が「光」というときは、単に眼に見える赤から青までの色の光だけを指しているのではありません。ちょうど音階で高音域側、低音域側の両側に人間の耳に聴こえない音があるのと同様に、私たちの眼に見える光は、音階にあたる光の尺度で見ればほんの一部を占めるに過ぎないのです。光の尺度は振動数とよばれる数で表わすことができますが、この数が大きくなるにつれ、光は赤から青に、紫から紫外へと変ってゆきます。紫外線は人間の眼には見えませんが、フィルム面には現れるれっきとした光です。ただささき言った振動数が異なるだけです。(われわれ人間の道具であるこの眼に見えるものだけが世界だなどという、せまい了見ではだめです!)この調子でどんどん振動数を変えてゆくと、X線、ガンマ線という領域に足を踏み入れることになります。

反対に数をだんだん減らしてゆくと、青から赤、そして赤外(熱)線、テレビの電波、ラジオの電波となります。私は今あげたすべてを「光」と考えています。これからずっと主に赤色光だけを例にとってゆくつもりですが、量子電磁力学の理論は赤色の光だけでなく、今述べた光の尺度全般にかかわるもので、このさまざまな光の現象の背後に一貫して存在する理論なのです。

さてニュートンは光が粒子から成り立っていると考え、これを「微粒子」と呼びましたが、彼のこの結論は正しいものでした。(ただしこの結論を出すのに使った理屈は間違っていましたが。)一方現代の私たちには、光が当るたびにカチンと音をだす敏感な機械が

図1　光電増倍管はたった1個の光子でも検出することができる．光子が板Aに当ると電子が1個はじき出され，これがプラスに帯電している板Bに引きつけられてぶつかる．すると板Bから数個の電子がはじき出される．この過程は，何十億個もの電子が最後の板Lにぶつかり，電流として取り出されるまで繰り返される．板Lから取り出された電流は，普通の増幅器を通して増幅される．この増幅器をスピーカーにつないでおけば，ある色の光の光子1個が板Aに当るたびに，必ず同じ音量のカチンという音を聞くことができる．

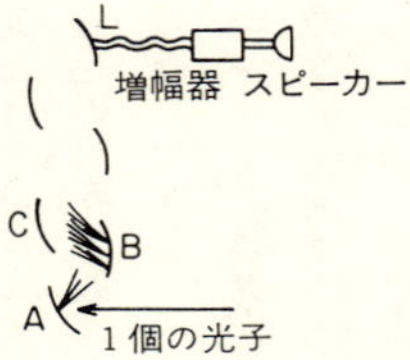

あるので、確かに光は粒子から成るということがはっきりわかっています。このカチンという音の音量は光がうす暗くなっても一向に弱くならず、ただその数がまばらになるだけです。ですから言いかえれば、光はちょうど雨だれのようなもので(その一つ一つの粒は光子と呼ばれていますが)、同じ色の光はこの「雨だれ」の粒の大きさが同じであるということです。

人間の眼はたいへん巧妙にできた機械で、たった五つか六つの光子が当れば、その神経細胞はたちまち活動しはじめて脳に信号を送るようにできています。もし人間の眼がもう一歩進化して、この一〇倍もの敏感さを持っているとしたらどうでしょう。いまさら言うまでもなく、どんなにうす暗い単色光でも、ちゃんと同じ強さの小さな閃きとしてぽつんぽつんと見えるはずです。

皆さんはたった一個の光子をどうやって検出できるのだろうとふしぎに思うかもしれませんが、これができる機械の一つに光電増倍管というものがあります。この機械のからくりを簡単に説明しますと、次の通りです(図1参照)。図の下の方にある金属板Aに光子が当ると、この金属板中の原子の一つから電子が一個はじき出されます。自由になった電子は板B(プラスに帯電している)に強く引きつけられ、かなりの勢いでぶつかります。その結果板B中の電子が三つ四つはじき出され、各々が同じく帯電している板Cにぶつかり、さらにたくさんの電子をはじき出す。この過程を一〇回から一二回、ある程度の電流になるだけの電子、つまり何十億個もの電子がはじき出されるまで繰り返します。その何十億個もの電子が、最後の金属板Lに当りますと、電流となって普通の増幅器で増幅され、スピーカーを通してカチンと耳に聞える音を出すわけです。ある一つの色の光子がこの光電増倍管に当ると、そのたびに同じ音量のカチンという音が聞えます。

そこでたくさんの光電増倍管をあちこちに据えつけたうえ、一つの光源からうす暗い光をいろいろな方向に光らせてみても結果は同じで、どんなに弱い光でもやっぱり増倍管のどれかに当り、同じ強さの音を出すのです。この場合一つの増倍管がある瞬間カチンというときは、他の増倍管が同時にカチンということは絶対にありません。(同じ光源から二つの光子が同時に出てくるというような場合も、ごくまれにはありますが、それは例外中の例外です。)つまり光の粒子が半個ずつに分かれて、勝手な方向に飛んでゆくということは決してないのです。

ここで私が強調したいのは、光はこのような粒子という形で存在するということです。皆さんは学校で、光とは波の性質をもつものだと教えられてきたと思いますが、私はここで光が実は粒子としてふるまうのだとお教えしたのです。

皆さんは、なあに光電増倍管が光を粒子として捉えただけのことさ、と思うかもしれませんが、そうではありません。弱い光を検出できる機械なら、なにを使っても必ず同じ結論、つまり光は粒子から成るという結論に到達するのです。

さてここで私は日常観察できる、ごく普通の光の性質、たとえば光は直進するとか、水にさしこむ光は屈折するとか、あるいは鏡のような表面で反射するとき、光の入射角と反射角とは等しいとか、光はさまざまな色に分けられるとか、水たまりにちょっとでも油が浮いていると、きれいな虹色に見えるとか、光はレンズで集めることができるとかといったことは、すでにご存じのものとして話を進めます。こうしたありふれた現象を使って、ほんとうに不思議な光の性質を示し、量子電磁力学の観点から説明してゆくことにしましょう。先ほど光電増倍管を使って、光は粒子であるという皆さんがあまりご存じなかった重要な事実を説明したわけですが、この考えにもそろそろ慣れていただけたかと思います。

水のような表面で光の一部分が反射することは誰でも知っています。湖に映る月光を描いたロマンティックな絵は、そこいらじゅうにたくさんあります。（月の光にうっとりしたせいで、つい間違いを起してしまった覚えのある人もたくさんいることでしょう。）

昼間に湖などの水面をのぞきこむと、水中や水底にあるものも見えると同時に、水面に映るものも見えます。ガラスもその良い例で、昼間明かりのともっている部屋の窓から外を眺めると、ガラス窓を通して戸外の景色も見える一方、ガラスに映る室内の明かりもぼんやり見えるものです。つまり光はガラスの表面で一部反射しているわけです。

話を続ける前に、いずれ後で訂正するまでの間、次のように単純化をしてお話することを断わっておきます。光がガラスで反射する話をしているとき、私はガラスの表面からだけ反射することにしておきますが、実はたった一枚のガラスでもこれがなかなか複雑な曲者で、その中には膨大な数の電子がうじゃうじゃしているのです。光が当ると表面だけでなく、ガラス全体の電子と反応し合うことになります。ここで光子と電子はちょっとしたダンスをやるわけですが、これらをひっくるめた結果は、光子がガラスの表面だけに当ると単純に解釈した結果とまったく同じになります。ですから今は表面からだけ反射すると単純化しておき、後でガラス内部で起きる現象をお話し、なぜ同じ結果になるのかわかるようにしたいと思います。

ここである実験で、思いがけない結果が出ることをお話しましょう。この実験では、一

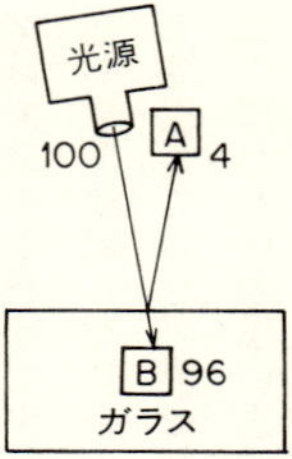

図2　ガラスの1表面による光の部分反射を測定する実験．光源を出た光子100個につき4個はガラスの前の表面から反射されてA点の光電増倍管に当るが，残りの96個は前の表面を通過してB点の光電増倍管に達する．(光はガラス表面に垂直に入射するが，図では光源と光電増倍管をずらして示している．)

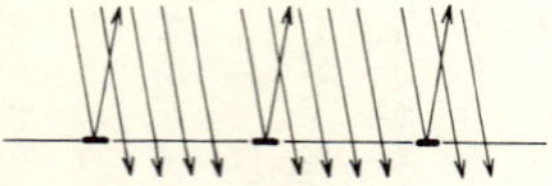

図3　一つの面による光の部分反射を説明する理論の一つは，その面の大部分が光を通す「穴」で，あとは光をはね返す数個の「点」があるというもの．

つの光源から同じ色の(たとえば赤)光子をいくつか、厚いガラスのかたまりに向けて放出します(図2)。ガラスを見下ろすA点に光電増倍管を据え、ガラスの表面から反射してくる光子が当るようにします。そしてガラスの前の表面を通りぬけて中に入ってゆく光子が何個あるかを調べるため、ガラス内部B点にもう一つ光電増倍管をおくものとします。ガラスの中にどうやってそんな機械を入れるのかということが気になるでしょうが、それはさておき、この実験の結果を調べることにしましょう。

ガラスに向って直角に下りていく光子一〇〇個につき、はね返ってA

に行くものは四個、Bまで行くものが驚くなかれ九六個もあります。ですから「部分反射」とはこの場合、光子のうち四％がガラスの前の表面で反射され、残りの九六％は通過するということになります。これは面倒なことになってきました。いったい光はどのようにして一部分だけ反射されるのでしょうか？　どの光子もAに行くかBに行くかしかないのですが、各光子は、さて僕はAに行くべきか、それともBにしておこうか、どのようにして「決心」するのでしょうか？（聴衆笑う）　冗談のようですが、何しろこれを理論で説明しなくてはならないのですから、ただ笑ってすませるわけにはゆきません！　部分反射は実にふしぎな現象で、ニュートンもこれにはだいぶ悩まされたもようです。

ガラスによる光の部分反射については、理論的な説明をいくつかでっちあげることができます。その一つは、ガラスの表面の九六％は光の通過できる「穴」で、残る四％は光が反射するような物質の小さな「点」でおおわれているというものです（図3）。ニュートンはこの説明に無理があることに気がついています。[*1]皆さんも間もなく、この「点と穴」説やその他のいかにも理屈に合いそうな説でもどうしても説明がつかない、頭がおかしくなりそうな不可思議きわまる部分反射の現象にゆきあたるはずです。

＊1　どうしてわかったのだろうか？　ニュートンは実に偉い人で、「なぜならガラスは研磨できるからだ」と言っている。しかしガラスが研磨できるからといって、なぜそれが点と穴でないこと

の証拠になるのか、ふしぎに思う人もいるだろう。ニュートンは自分の使うレンズや鏡面を自ら研磨しており、その作業によって自分がどういうことをやっているのかを、ちゃんと理解していたのである。つまりレンズを磨くということは、みがき粉を粗いものからだんだん細かいものへと変えてゆきながら、ガラスの表面に擦り傷をつけることなのだ。その擦り傷が細かくなるにつれ、ガラスの表面は鈍い灰色(粗い擦り傷は光を散乱する)から透明(非常に細かい擦り傷は光を透過させる)へと変ってゆく。だからごく細かい擦り傷や点や穴などが、光の透過に影響するなどという説を受け入れることはできなかったわけだ。それどころか実はその逆だということを彼はちゃんと見ぬくことができたのである。すなわち非常に細かい擦り傷または点は、光の透過に影響を及ぼすことはない。したがって「点と穴」説は通用しないわけだ。

もう一つの「理論」をあげておきましょう。光子の内部にあるメカニズム(回っている「車輪」や「歯車」のようなもの)があって、うまくねらうとガラスを通るが、ねらいが悪いと反射するという説もあります。ねらいの悪い光子を除くため、ガラス層と光源との間に、さらに何枚かのガラスを置いてこの説をテストすることができますが、このフィルターを通って最後のガラスに到達する光子は、すべてねらいの正しいものばかりで、反射するものはぜんぜんないはずです。ところが実験の結果によれば、それほど何枚ものガラスを通っても、やっぱり最後の面に届く光の四%は反射するのです。光子がどのようにしてはね返るか通りぬけるかを決心するのか説明する理論をいくら作ってみても、一つの光子がどっちを選ぶかを予言することは不可能です。同じ条件が同じ結果を生まないのなら、予測ということは不可能で、科学など成り立たないと言った哲学者もいます。まったく区別のできない光子が、何個か同じ角度で同じ一枚のガラスに向って下りてくるのに、結果が違うのです。だからある光子がAに行くのかBに行くのかは予言できません。予言できるのは、一〇〇個の光子のうち平均四個はガラスの表面ではね返るということぐらいです。とすると厳密さを誇るはずの物理学ともあろうものが、事象の正確な予測もできず、単にある事象の発生する確率しか計算できないというのでしょうか？　残念ながら確かにこれでは後退になってしまいますが、自然がそうなっているのだからしかたがありません。自然は人間に確率ぐらいしか計算させてくれないのです。だからと言って科学は決して崩れ去ったわけではありません。

一つの表面による光の部分反射も難解なミステリーですが、この表面が二つ以上になると、ことはいよいよ複雑になってきます。そのわけをこれからお話しましょう。まず二つの表面を使って、光の部分反射を測る実験をすることにします。

図2の厚いガラスの代りに、一枚の薄いガラス(その表と裏の面がまったく平行なガラ

図 4 ガラスの二つの面による部分反射を測定する実験．ガラスの前の面あるいは裏の面から反射する光子は，いずれもA点の光電増倍管に達する．同時に両面を通過してB点の光電増倍管に達する光子もある．ガラスの厚さにより100個のうち0個から16個の光子がAの増倍管に達する．このような結果を，図3に示した方法やその他の方法で説明するのは非常に困難である．部分反射は面を増やすことによって「打ち消」されたり「増幅」されたりするように見える．

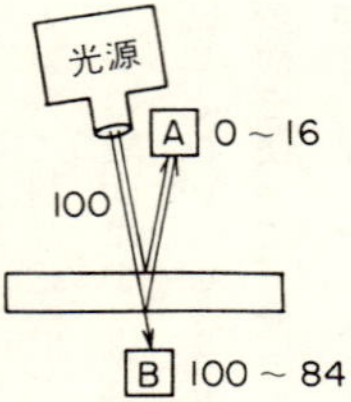

ス)をおき、今度は光電増倍管Bをガラスの下で光源とは対称の位置に据えつけます。こうすればAに達する光子は、前の面、裏の面のどちらかで反射してきたもので、その他の光子は全部Bに達することになります(図4参照)。これなら前の面から四%、裏の面からは残りの九六%中の四%の光子がはね返るはずですから、合計およそ八%、つまり光子一〇〇個につき八個がAで検出されるはずです。

ところが周到に用意された実験の結果をみると、実際には光子一〇〇個中Aに達するものが八個となることは、ごくまれにしかないのです。ガラス板によっては、何度実験を繰返してもAに達する光子は一五から一六個、つまり予想の数の二倍にもなっています！　そうかと思えばまた別のガラス板では、いつも必ずたった一個か二個の光子しかAに行きません。さらに別のガラス板を使った実験では、部分反射は一〇%のことも、まったくゼロになってしまうこともあるのです！　こんなめちゃくちゃな結果がいったいどうして出てくるのでしょうか？ ガラス板の品質と一様性に差がないか調べてみても、わずかな厚さ以外に違うところはありません。

二つの表面から反射する光の量は、ガラスの厚さによって異なるという仮説を調べるため、さらに次のような一連の実験をしてみることにしましょう。まずできるだけ薄いガラスから始め、一〇〇個の光子が光源から放出されるたびに何個がA点の光電増倍管に達するかを数えてゆくことにします。そしてだんだんと厚い(およそ一インチの五〇〇万分の一くらいの厚さまでの)ガラスに変えてゆき、そのたびにA点に達する光子を数えなおすという過程を何十回か繰り返すと、どんな結果が出るでしょうか？

一番薄いガラスを使った実験では、Aに達する光子の数は、いつもゼロ、ときには一個となっています。このガラスをほんのもうちょっと厚目のものと取りかえてみると、反射される光子数は少し増えて、さっき予測した八％に近い数になります。さらにガラスを厚くしてゆくと、二つの表面(前と裏の面)から反射される光子の数は八％を越えて増えてゆき、ついには一六％に達します。これが最高で、あとはガラスの厚さは増しても数はだんだん減ってゆき、八％を割り、ガラスがある厚さに達するとゼロ、つまり反射は全然なくなってしまうのです。(この現象を例の「穴と点」説で説明できるものならやってみろと言いたいところです！)

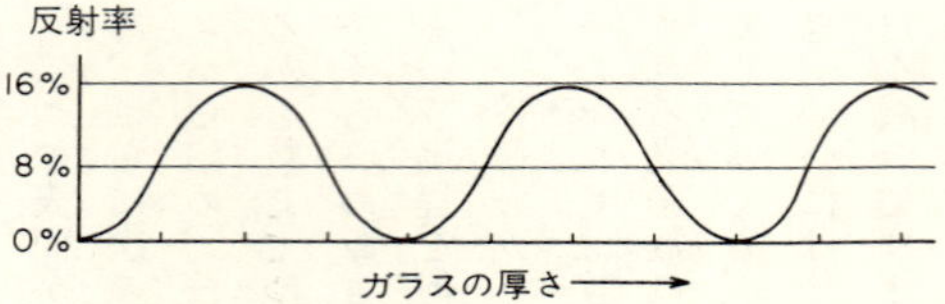

図5　ガラス板の厚さと光の部分反射との関係を精密に測定すると，「干渉」という現象が現れる．ガラスが厚くなるにしたがい，部分反射は0%から16%のサイクルを止まることなく繰り返す．

さらにガラスの厚みを増やしてゆくと、部分反射はまた次第に増えて一六％に達し、その後はまた減りはじめてついにはゼロになるというサイクルを繰り返します(図5参照)。

ニュートンもこの繰り返しを発見し、ある実験をしましたが、この実験たるやこのサイクルが三万四〇〇〇回も繰り返されていたとしなければ正しく解釈できないようなものだったのです！　現在ではレーザー(非常に純粋な単色光を出すことができる)を使って、三万回どころか一億回以上もこのサイクルを繰り返す実験ができます。一億回ということは、ガラスの厚さ五〇メートル以上に相当します。(光源はふつう単色ではありませんから、このような現象を日常見ることはできません。)

この結果によれば、私たちが八％とした予想は(実際にはゼロから一六％の間を定期的に上下するのですから)全体の平均とすれば正しかったことにはなりますが、八％になるのは、各サイクルについてたったの二回しかないのです。(これはちょうど止まった時計が一日に二回だけ正しい時刻を指すのと同じ理屈です。）それにしても、ガラスの厚さによって異なる部分反射の奇妙な特徴を、何と説明したものでしょうか？　最初の実験で証明したように、ガラスの表面からは四％の光が反射するというのに、第二の表面をある距離のところに置くだけでなぜ第一の表面からの反射をすっかり「消し」てしまうことができるのか？　しかもその第二の表面をさらにちょっとずらしただけで、今度はその反射を一六％まで「増幅」できるのです！　ガラスの裏の面は、前の面が光を反射する能力に何らかの影響を及ぼしているのでしょうか？ここで面を三つにしてみたら、今度はどんなことになるでしょう？

三つあるいはそれ以上の面を加えると、部分反射の率はさらに変ってゆきます。私たちは面から面へ、もう今度こそ最後の面にたどりつく頃だなどと思いながら、この理論で追っかけていくのですが、光子も同じように最後まで行かないと、最初の面から反射するかどうかの決心をつけかねるのでしょうか？

ニュートンはこの問題に関して、なかなかうまい理屈を考えだしたものの、[*2] 後になってやっぱりまだ満足のゆく理論とは言えないことに気づいています。

＊2　ニュートンが光は「微粒子」だということを自分に納得させたのは、私たちにとって非常に幸せなことだった。なぜなら新鮮で知的な心が、二つ以上の表面による部分反射の現象を見て、それを説明するのにどのような思考過程を通ったかが、手にとるようにわかるからだ。（光が波だと

信じていた者はそんな苦労をせずにすんだのだが。）この現象についてニュートンは次のように説明している。光はいかにも第一の面から反射しているように見えるが、決してそうではない。もしそうだとしたら、反射がゼロになるような厚さのガラスの場合に、いったん第一の面から反射したはずの光はいったいどのようにして打ち消されるのだろうか？　とすれば光は第二の面からのみ反射されるのに違いない。ニュートンはまたガラスの厚さによって部分反射の大きさが決る事実については、次のような説を唱えている。つまり第一の表面に当った光は、波あるいは「場」のようなものを発し、これが光といっしょに通過していくが、これによって光が第二の面から反射したりしなかったりすることが、あらかじめ決るのだ、というものである。彼はこの過程を、ガラスの厚さによって周期的におこる「たやすく反射したりたやすく透過したりする気まぐれさ」と呼んだ。

この説には難点が二つある。第一はもう一つ表面を加えた場合、その表面が及ぼす影響、つまり私が本文の中で説明しているように、新しい表面を加えるたびに反射に影響が出るということである。第二は表面が一つしかない湖からでも、光は確かに反射するということである。そうしてみると、光は第一の面（湖の表面）からも反射しているに違いない。ニュートンは表面が一つしかない場合には、光はあらかじめ反射しやすい傾向をもつと言っている。だが光がある表面に当ったとき、これはどういう種類の表面か、一つしかない表面であるかそうでないかをちゃんと判断できるなどという理論があっていいものだろうか？

ニュートンはこの説明が決して満足のゆくものでないことは知っていながら、この「たやすく反射または透過する気まぐれ」説の難点を強調してはいない。現在の科学の世界では、自分の説と実験の結果とがぴったり合わないところは自分ではっきり指摘することになっているが、ニュートンの時代には、自説のこういった難点にはごくあっさりと触れるだけで、たいていうまくカバーしてしまっていたものである。私は別にニュートンをけなそうとしているわけではなく、現在の科学では互いに情報を交換し合うよい習慣があることを言いたかっただけである。

ニュートンなき後は、二つの表面による光の部分反射の説明として、光を波とする説[*3]が長い間幅を利かせていたのですが、非常に弱い光を光電増倍管に当てる実験をしたところ、この説は残念ながらぜんぜん使いものにならないことがわかりました。いくら光が弱くなっていっても、光電増倍管に当るカチンという音は決して弱くならず、ただ回数が少なくなるだけだったからです。つまり光は粒子として「行動」したわけです。

＊3　この考えは波が合さることも打ち消し合うこともあるという事実を利用したもので、このモデルに基づく計算は、ニュートンの実験の結果だけでなく、その後何百年にもわたってなされてきた実験の結果にもぴったり合っていた。ところが、ただ一個の光子でも検出できるような精密な機械が開発されると、波動理論によれば、光が弱くなるにつれ光電増倍管の「カチン」という音がだんだん弱くなっていくはずなのに、事実はそうではなく、音量に変りはなく音の出る頻度が減るだけだということがわかった。どんなモデルによってもこの事実はうまく説明できず、しばらくの間

学者たちが利口に立ちまわらなくてはならない時期が続いた。つまり光を波と考えるか、粒子と考えるかを、自分がどの実験を分析しているかによって使い分けねばならなかったのだ。この混乱状態は光の「波と粒子の二重性」と呼ばれたが、これを皮肉って「光は月水金には波で火木土には粒子となる。日曜日はいったいどっちが正しいか、とくと考える日だ」などと言う人もいたぐらいである！　この謎がどのようにして解決されたのかをお話するのが、この講演シリーズの目的である。

現在でも、二つの表面による光の部分反射を説明する良いモデルはまだありません。私たちはただ、一枚のガラスから反射してきた光子が、ある特定の光電増倍管に当る確率を計算するだけなのです。

私はこの計算を量子電磁力学による計算法の第一の例として選んでみました。これを使ってわれわれがどのようにして「豆を数えるか」、つまり正しい答を出すのに物理学者はどのような作業をするものかを、見ていただきたいと思います。はね返ろうか通りぬけようかということを、光子がどのようにして「決める」のかは未知のことなので、説明するわけにはゆきません。（おそらくその問自体無意味だと思います。）ただ光がある特定の厚さのガラスによって反射される確率を正確に計算する方法だけをお話したいと思います。なぜなら、物理学者がやり方を知っているものといえば、それくらいしかないからです！

しかもこの問題の答を得る方法は、量子電磁力学で説明できる他のすべての問題の答を出すのにも使わなくてはならない方法なのです。

ここで皆さんには、ちょっと覚悟をしていただきたいと思います。というのは、この計算法が難解だからではなく、何ともこっけいだからです。一枚の紙きれに小さな矢印を描くだけのこと、ただそれだけなのですから！

矢印と、何か一つの事象が起る確率と、いったいどんな関係があるのでしょう？「豆の数え方」のルールによれば、一つの事象の起る確率は矢印の長さの自乗に等しいのです。たとえば（前の面からの部分反射だけを考えていた）最初の実験で、光電増倍管Ａに光子が当る確率は四％でした。自乗して〇・〇四になるのは〇・二です。だからこれは長さ〇・二の矢印に相当することになります（図6）。

二番目の実験（ガラスを少し厚いものととりかえた実験）では、前の面に当る光子も、裏の面に当る光子もはね返ってＡに達しています。さてこの状態を矢印で表わすにはどうすればいいか考えてみましょう。ゼロから一六％の確率を表わすためには、矢印の長さはガラスの厚さによってゼロから〇・四の間の長さでなくてはなりません（図7）。

まず光子が光源からＡ点の光電増倍管に達するいろいろな経路を考えてみることから始めましょう。今私たちは光が前の面か、裏の面かのどちらかからはね返るという単純な考

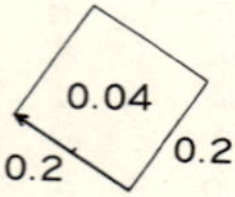

図6　二つの面による光の部分反射が奇妙な性質をもつことが発見されたことで，物理学者は個々の事象の正確な予測をあきらめさせられ，単に事象の確率を計算するだけとなった．量子電磁力学は，その計算法(紙に小さな矢印を描く方法)を提供する．事象の確率は1本の矢印の長さを1辺とする正方形の面積によって表わすことができる．たとえば確率 0.04(4%)を表わす矢印の長さは 0.2 である．

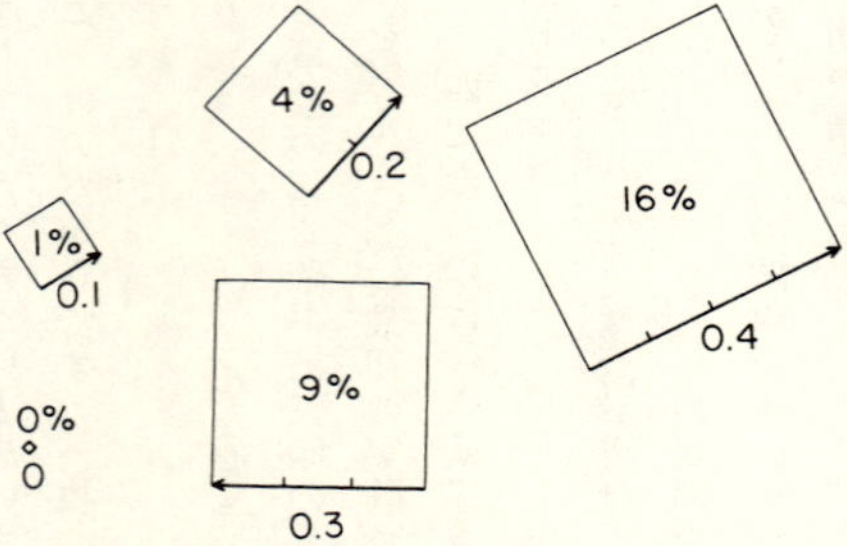

図7　0% から 16% の確率を表わす矢印の長さは 0 から 0.4 である．

え方をしているわけですから、光子がAに行くのに可能な経路は二つあることになります。まずこの事象の起り得る経路一つにつき一本ずつ、つまり二本の矢印を描き、次にこれを合せて最終矢印としますが、この最終矢印の自乗がその事象の発生する確率に相当するということになります。この事象が起り得る経路が三つあるとすれば、まず矢印を三本描いてからこれを合せるというわけです。

さて矢印を合せる方法を伝授するとしましょう。今仮に x という矢印と y という矢印を合せるものとしますと(図8)、どちらの矢印の方向も変えないまま、y の尾に x の頭をつなぎ、x の尾と y の頭を結ぶ矢印を引けば、これが最終矢印になるのです。種もしかけもない、ただこれだけのことです。この通りにやってゆけば、矢印が何本あったって、いくらでもつなぐことができるわけです。(専門的な言い方では、これを「矢印の足算」と言っています。) まるで社交ダンスのステップの挿絵のようなこの各矢印は、この「ダンス」でどの方向にどれだけ動くかを示しており、最終矢印は各経路が同じ位置に達するには、一度にどのような動きをすればよいかを示しています(図9)。

それでは、こうして最終矢印を作るためにつないでゆく各矢印の、長さと方向を決める特定のきまりは何であるかを考えることにしましょう。この実験の場合ですと、二つの矢印、すなわち一つはガラスの前の面からの、もう一つはガラスの裏の面からの反射を表わ

図8　ある事象が起り得る各経路に対応する矢印を描き，これを合せる(加える)方法は次の通りである．各矢印の角度を変えることなく1本の矢印の頭を次の矢印の尾につなぐ過程を繰り返し，最後の矢印の頭と最初の矢印の尾をつなぐと，これが「最終矢印」となる．

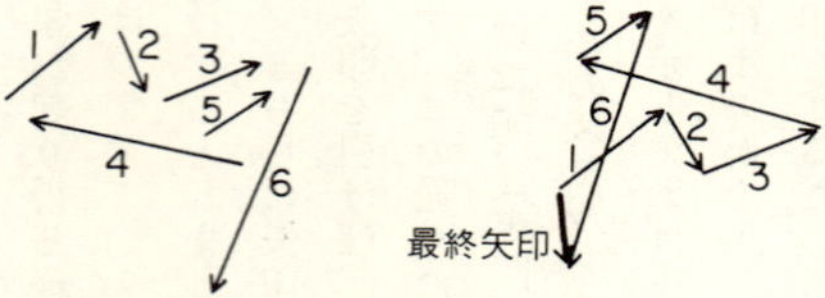

図9　どんなに多数の矢印でも，図8に示す方法で合せることができる．

す矢印を合せようというわけです。

まず長さから考えてみましょう。ガラスに当る光子のうち、四%が前の面から反射されることは、最初の(ガラス層の中に光電増倍管を入れた)実験でわかっていますが、これを矢印の長さで表わすならば、「前面での反射」の矢印は長さ〇・二ということになります。ガラスの裏の面もまた四%の光子をはね返すので、「裏面での反射」の矢印の長さも同じく〇・二です。

次に各矢印の方向の決め方ですが、まず光子が動くにしたがってその時間を測ることのできるストップ・ウォッチを頭に描いてください。この想像上のストップ・ウォッチには針が一本あって、これが非常な速さでぐるぐる回るものとします。光子が光源を離れると同時に私たちはストップ・ウォッチを押します。光子が動いている間中ストップ・ウォッチの針はどんどん進み(赤い光では一インチ進む間にだいたい三万六〇〇〇回回転する)、光子が光電増倍管に到着すると同時にストップ・ウォッチを止めますと、その針はある方向を指しているはずです。これが私たちの描く矢印の方向となります。

正しい答を算出するには、もう一つだけルールが必要です。それはガラスの前面からはね返る光子の経路を表わす矢印の方向を、逆に向けて描くということです。言いかえると、裏面での反射の矢印はストップ・ウォッチの針と同じ方向を向けて描くが、前面からの反射の矢印はその反対の方向に向けて描くのです。

ここで今度は、非常に薄っぺらなガラス層から反射する光を表わす矢印を描いてみることにしましょう。まず前面反射の矢印を描くにあたり、光子が光源から出発し(このときストップ・ウォッチの針がスタートする)、前面にぶつかってはね返り、Aに至る(ここでストップ・ウォッチの針が止まる)ありさまを想像します。そして〇・二の長さの小さな矢印を、ストップ・ウォッチの針の方向とは逆の方向に描くわけです(図10)。

裏の面からの反射の矢印を描くときは、光源から出発した光子が(ストップ・ウォッチが動きはじめる)ガラスの前の面を通りぬけ、裏の面にぶつかってはね返り、Aに達する

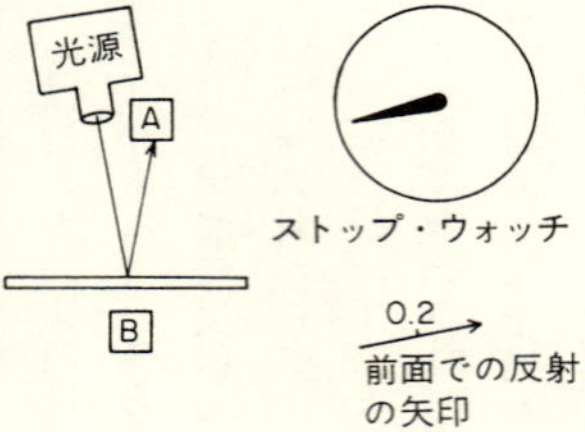

図 10 二つの表面による反射を測定する実験によれば，1個の光子がAに達するには，前面かあるいは裏面から反射するという二つの経路があると言える．その各経路につき 0.2 の長さの矢印を描くが，その方向または角度は光子の動きを測る「ストップ・ウォッチ」の針によって決る．ただし「前面からの反射」の矢印は，ストップ・ウォッチが止まったときの針の方向の逆に向けて描くものとする．

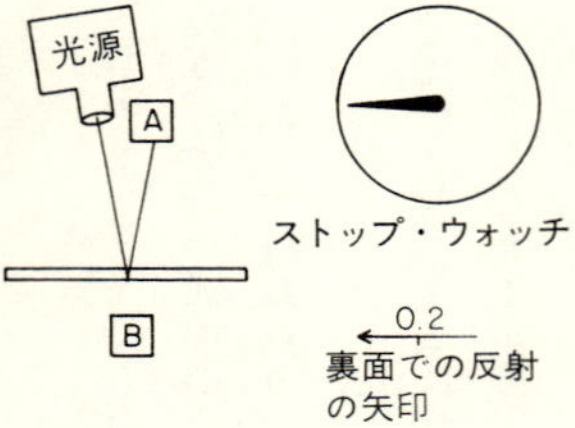

図 11 薄いガラス板の裏の面からはね返る光子がAに達するまでの時間は，前の面からのものよりほんの少し長くなる．だからこの速度を測るストップ・ウォッチの針は，前の面のときよりわずかに違う方向を指すことになる．ここで裏の面からの反射を表わす矢印は，ストップ・ウォッチの針と同方向に描くものとする．

(ここでストップ・ウォッチの針が止まる)ところを想像します。この場合の光子はガラスを往復二度通るわけですが、ガラスが非常に薄いために、裏面からはね返った光子がAに達する時間は、前面からはね返った光子の場合と比べてわずかに長いだけで、ストップ・ウォッチの針の方向も前とほとんど同じです。その針の指す方向を角度とし、今度は針の方向と同じ向きで長さ〇・二の小さな矢印を描きます(図11)。

さてこの二本の矢印を合せてみましょう。この矢印は二本とも長さが等しく、ほぼ逆の方向を向いているのですから、最終矢印の長さはほとんどゼロに近く、その自乗はますますゼロに近いことになります。ということはつまり、無限に薄いガラス層から光が反射する確率は、本質的にはゼロであるということです(図12)。

この薄いガラスを、これよりほんの少し厚いものと取りかえますと、裏の面に当ってはね返る光子がAまで達する時間は、前よりもうちょっと長くなります。したがってストップ・ウォッチの針は、もう少し先まで行って止まることになり、前面での反射の矢印と裏面での反射の矢印の角度差に少し開きが出てきます。したがって最終矢印の長さも少し長くなり、その自乗も同じように少し増すことになります(図13)。

次に裏面での反射の光子がAに達するまでストップ・ウォッチの針をもう半回転させるような厚さのガラスを使った例を考えてみましょう。この場合裏面での反射の矢印は前面

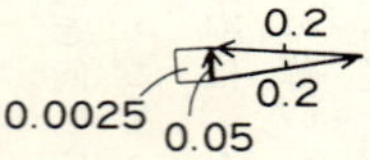

図 12　最終矢印を描くには，前面での反射の矢印と，裏面での反射の矢印を「足せば」よい．その最終矢印の自乗は非常に薄いガラス板による反射の確率を表わす．二つの矢印を合せた結果は，0 に近い．

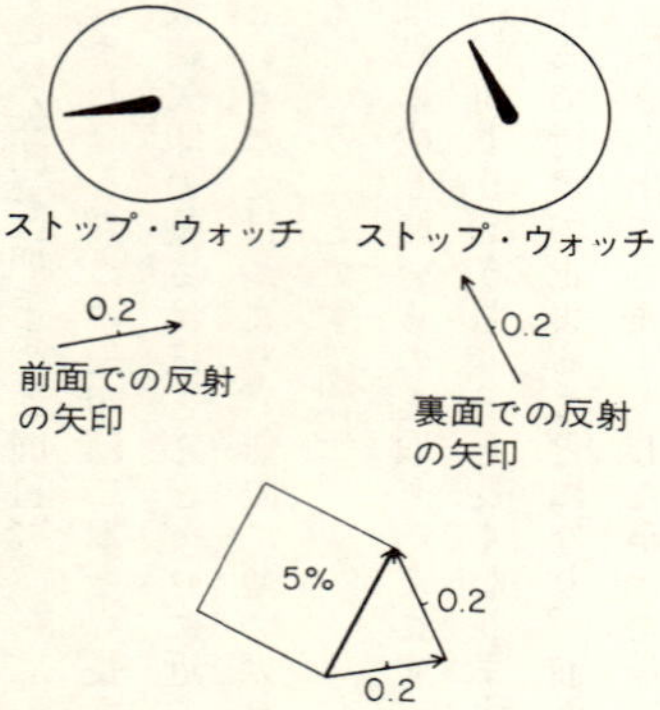

図 13　ガラス板がもう少し厚い場合，最終矢印の長さは，前の面からの反射と裏の面からの反射を表わす 2 本の矢印の角度に開きが出てくるため，前例よりわずかに長くなる．これは裏面からはね返る光子が A に達するまでの時間が，前例より長くなるためである．

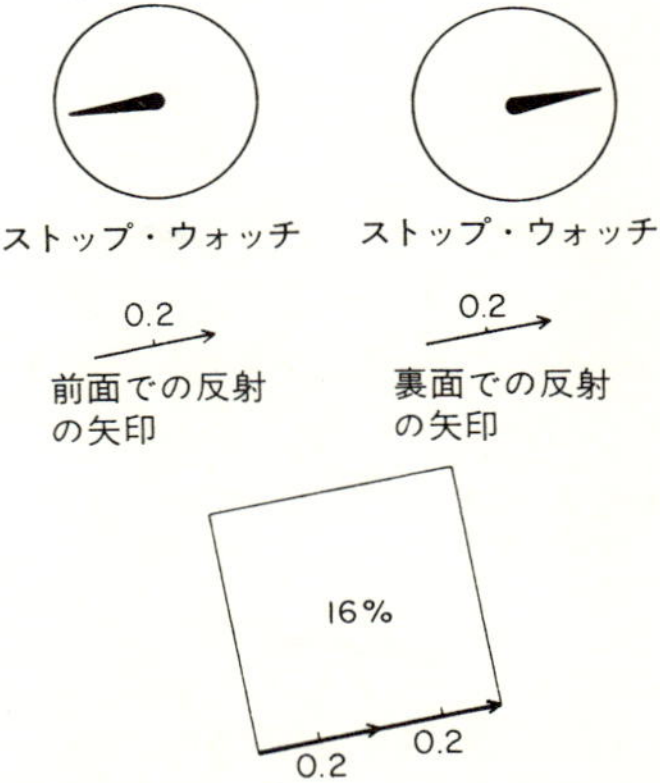

図 14　裏の面からはね返る光子の速度を測るストップ・ウォッチの針が，前の面での反射の針の位置からちょうど半周して止まるような厚さのガラスを使った場合，裏面での反射と前面での反射の矢印とは同方向を指すことになり，その結果最終矢印の長さは 0.4 で，確率 16% を表わすことになる．

での反射とまったく同じ方向を指すことになりますから、これを合せると最終矢印は〇・四の長さとなり、その自乗は〇・一六で一六%の確率を表わす結果になります(図14)。

ガラスの厚みをさらに増して、裏面で反射する光子を測るストップ・ウォッチの針が、前面で反射する光子の場合よりさらにもう一回転するようにしますと、例の矢印は互いに逆向きとなり、最終矢印の長さはゼロになります(図15)。こうして裏面で反射する光子の要する時間を測るストップ・ウォッチの針が、前面

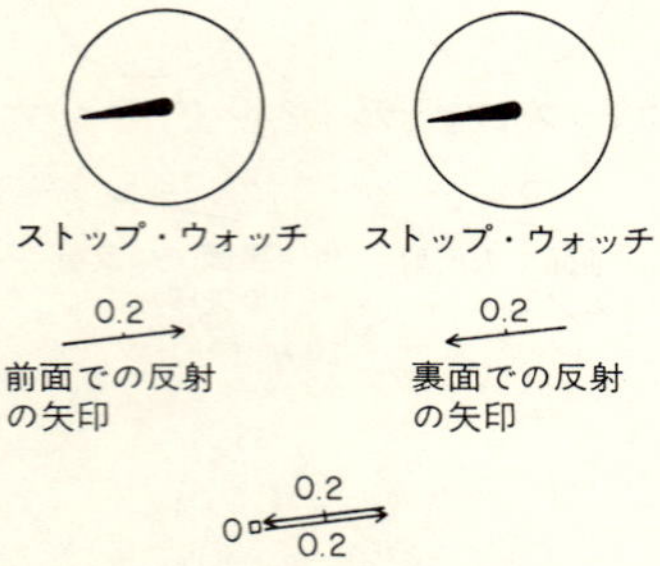

図 15　裏面での反射の光子の動きを測るストップ・ウォッチの針が，前面での反射のときの針の位置よりさらに完全に1回転ないしは数回転するような厚さのガラスの場合，最終矢印はふたたび0となり，反射はまったくなくなってしまう．

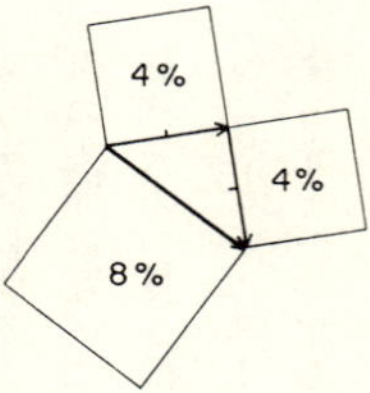

図 16　裏面での反射と前面での反射の矢印が直角をなす場合は，最終矢印は直角三角形の斜辺となる．つまりその自乗は他の2辺の自乗の和，すなわち8%である．

で反射の場合からさらにもう一回転するような厚さのガラスを使うたびに、この結果が繰り返されるわけです。

ガラスの厚さによって、裏面から反射する光子を測るストップ・ウォッチの針が、前面での反射の場合よりさらに四分の一または四分の三回転することになると、二本の矢印の角度は直角になり、最終矢印は直角三角形の斜辺となります。ピタゴラスに言わせれば、斜辺の自乗は他の二辺の自乗の和に等しいのですから、これが前に言ったような「一日二度だけ」正しい値、つまり四％プラス四％で八％になるわけです(図16)。

こうしてガラスの厚みを増やしてゆくと、前面での反射の矢印はいつも同じ方向を向いており、裏面での反射の矢印がだんだんと方向を変えてゆくということに注意してください。この二本の矢印の間の角度がこうして変化するにつれ、最終矢印はゼロから〇・四まで長さを周期的に変えます。したがって最終矢印の自乗は、私たちが今までの実験を通して見た通り、ゼロから一六％のサイクルを繰り返すことになるわけです(図17)。

こうして一枚の紙の上に何の意味もないような小さな矢印を描くことによって、部分反射のこの奇妙な性質が正確に計算できることを、今皆さんにお見せしたわけですが、この矢印は専門用語では「確率の振幅」と呼ばれています。「われわれはある事象の確率振幅を計算している」と言った方がずっと偉そうに聞えるのでしょうが、私はもっと率直に、

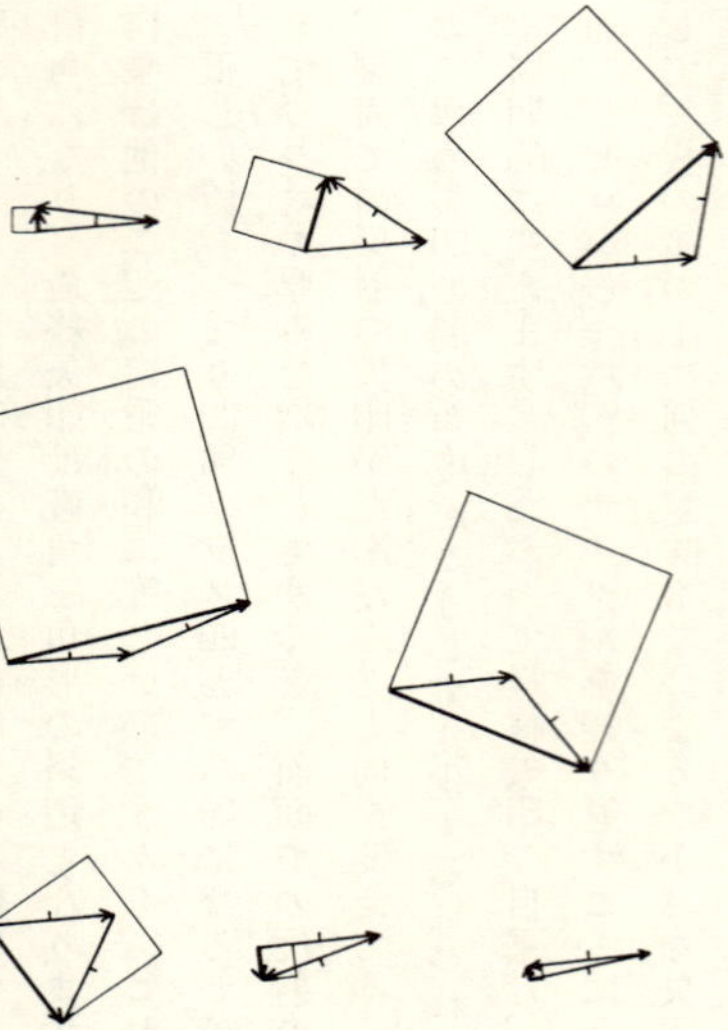

図 17　薄いガラス板をだんだん厚いものに変えてゆくと，裏面から反射する光子を測るストップ・ウォッチの針は，少しずつ回転角を増し，前面での反射の場合の針との角度差も次第に変化してゆく．この変化にしたがい，最終矢印の長さも変わり，その自乗も 0% から 16%，16% から 0% のサイクルを繰り返す．

長さの自乗がその事象の起る確率を表わすような矢印を探しているんだ、と言う方が性に合っています。

この講義の第一回目を終る前に、皆さんにシャボン玉の色についてお話したいと思います。いやそれより、油もれしている車から、汚い水たまりに油が一滴落ちたときの例の方がもっと良さそうです。汚ない泥んこの水たまりに落ちた茶色のオイルを眺めると、表面が虹のようなきれいな色に光っています。水たまりに浮かぶ薄い油の膜は、非常に薄いガラス板のようなもので、その厚みによって単色の光をゼロから最高値まで反射するのです。その油膜に純粋な赤い光を当てると、膜の厚さが一定でないので赤い光がまだら模様になり、その中に黒い細縞(反射のぜんぜんない部分)が入って見えます。純粋な青い光を当ててみると、今度は青い光がまだらになった中に細くて黒い縞が入って見えるはずです。この油の膜に赤と青の光を当てると、赤色の光だけを強く反射するのにちょうど都合のいい厚みのところもあれば、青い光だけを反射するのに都合のいい厚みのところもあり、青と赤の両方の光(これは私たちの眼には紫色に見えますが)を反射するところもあります。そうかと思えば反射を全部相殺してしまって、真黒に見える厚さの部分もあります。

これをもう少しよく理解するために知っておく必要のあることは、青い光の方が赤い光よりも、二つの表面による部分反射のゼロから一六％までのサイクルを繰り返すスピード

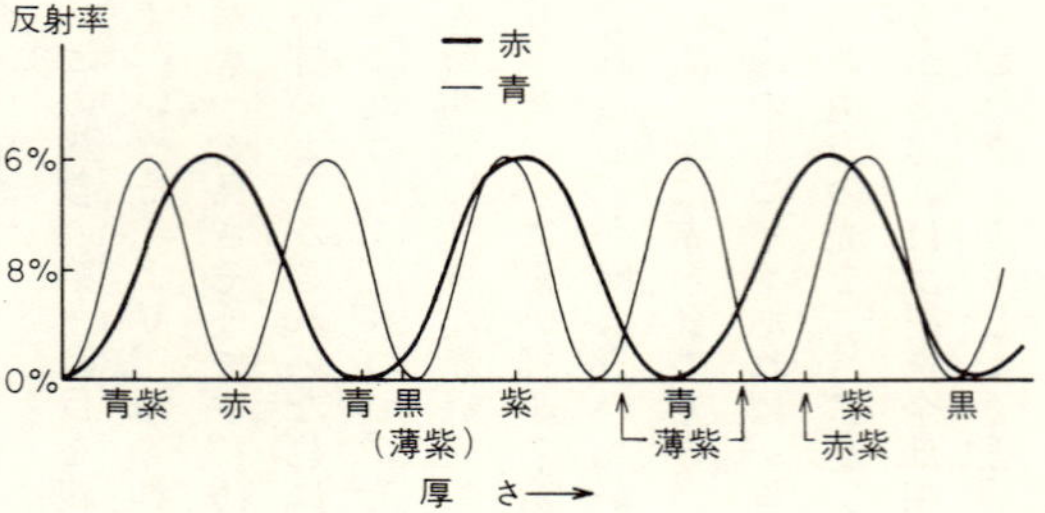

図 18　ガラスが厚くなっていくにしたがい，二つの面からの単色光の部分反射の確率は0% から 16% のサイクルを繰り返す．仮想上のストップ・ウォッチの針の回転速度は，光の色によって異なるので，このサイクルも光の色により異なった速度で繰り返される．その結果たとえば純粋な赤と青の2色の光をガラスに向けて照らすと，ガラスの厚さによって赤色光のみとか，青色光のみとか，赤と青の光が異なった割合(結果的にはさまざまな色合の紫)で反射されることもあり，どちらも全然反射しない場合(黒)もできてくる．ぬかるみに油が1滴おちて拡がっているときのように，その層の厚みが部分的に違うような場合は，前述の組合せが全部起ることになる．あらゆる色を含む太陽の光の場合はさまざまな組合せが起り，たくさんの色が現れる．

が速いということです。ですからある厚みのところでは光の片方または両方ともが強く反射するかと思えば、両方とも反射が相殺し合うような厚みのところもあるのです(図18)。青い光の光子の動きを測るストップ・ウォッチの針は、赤色光の場合よりずっと速く回るので、この反射の強弱のサイクルは同一でなく、違った割合で繰り返されます。実を言えば赤い光子と青い光子との違い(または電波やX線などの他のどの色の光子の違いも)は、ただこれだけ、ストップ・ウォッチの針の進むスピードが違うだけなのです。

赤と青の光を油膜に当てますと、黒い縞のまじった赤、青、紫の模様が現れます。赤、黄、緑、青を含む日光が油膜を浮かべた水たまりにあたると、この色一つ一つを強く反射する部分は重なり合い、さまざまな組合せを生みだし、複雑な色のパターンとなって私たちの眼にうつります。油膜が水の表面に拡がって、厚みが場所によって異なってくると、この色のパターンもどんどん変ってゆきます。(一方この同じ水たまりを夜、ナトリウム・ランプの街灯の下で見ると、黒と黄色の縞が見えるだけです。これはナトリウム・ランプが一色だけの光を出すからです。)

このような二つの表面による白色光の部分的反射によって描きだされる色彩の現象は、虹現象と呼ばれていますが、これはごくざらに見られる現象です。皆さんもきっと、あの孔雀やハチドリ(ハミングバード)の羽のまばゆいほどの色はどうしてできるのだろうと不思議に思ったことがあると思いますが、これでわかったはずです。ところであの輝かしい色がどのようにして進化してきたかということも、また興味ある問題です。私たちが孔雀に感心して見とれるときには、何世代もの間つれあいを選ぶ鋭い目を持ち続けた、あのぱっとしない雌鳥たちに大いに敬意を表さねばならないと思います。(そのうち人間どもがやってきて、この孔雀の淘汰過程をさらに改善したわけですが。)

さて次回の講演では、光は直進するとか、鏡に当る光と反射した光の角度(入射角と反射角)は等しいとか、レンズが光を集めるとかいうたぐいのごくありふれた現象を例にとって、今日説明した小さな矢印を加えてゆくあの変てこな作業が、正しい答をちゃんと算出してくれるところをお目にかけたいと思います。この新しい方法をもってすれば、皆さんが知っている光に関する現象は何でも説明できるはずなのです。

2　光の粒子

今日は量子電磁力学の第二回目の講演ですが、この前の講演に出席した人はこの中にきっと一人もいないでしょうから(なぜなら前回、私の言っていることが何のことだかさっぱりわからないでしょうなどと言ってしまったからですが)、まず第一回目の講演の内容を、かいつまんでお話することから始めましょう。

私たちはこの前光の話をしていました。光の大切な性質の第一は、光が粒子から成るらしいということです。(光の粒子は光子と呼ばれています。)単色の光が検出器に当ると、どんなに弱い光でも必ずカチンと音をたてます。光がさらに弱まっても音量は一向に変らぬまま、ただ回数がしだいに減ってゆくのです。

この前の講義でお話した光の大切な特性の第二は、単色光の部分反射でした。光がガラスの一つの表面に当ると、平均四%の光子は反射されます。あらかじめ、どの光子がはね返り、どの光子が通過するかを予測することはできないのですから、このこと自体大きなミステリーです。これに第二の面を加えると、その結果はさらにふしぎなものになってきます。二つ面があるのだから、反射は二倍の八%になるのかと思うと、実際の部分反射はガラスの厚さによって、一六%にまで増えるかと思えば、消えてゼロになることもあるのです。

二つの面によるこのふしぎな部分反射の現象は、光が非常に強い場合には「光は波である」とする説で説明できるのですが、光が弱くなっても検出器に当って出す「カチン」という音量が変らないという点は、この説ではどうしても説明できません。一方、量子電磁力学は、光が粒子から成る(これはそもそもニュートンが考えだしたことですが)と考えることによって、光の「波‐粒子二重性」を解決してのけました。しかしこうした科学の偉大な進歩は、実際に何が起っているかのモデルは提供できないまま、ただ単に光子が検出器に入る確率の計算しかできないところまで後退するという代償によってはじめて達成できたのです。

第一回目の講演で私は、ある事象が起る確率を物理学者がどのようにして計算するのかを説明しました。この計算とは次のようなルールにしたがって、紙の上に矢印を描くことなのです。

大原則　ある事象の起る確率は、「確率の振幅」とよばれている矢印の長さの自乗に等しい。たとえば〇・四の長さをもつ矢印は、〇・一六あるいは一六%の確率を表わす。

一般法則　その事象がいろいろな過程を経て起り得る場合、その過程ごとに一本ずつ矢印を描き、そのあとで一つの矢印の頭を次の矢印の尾につなぎ、矢印全部を「加える」。

そして最後に第一の矢印の尾を最後の矢印の頭につないで「最終矢印」を描く。この「最終矢印」の長さの自乗が、その事象全体の確率を表わす。

ガラスによる部分反射の矢印の描き方には、またそれに固有のルールもありました。(これについては38-39ページを見てください。)

今お話したのは、第一回目の講演のあらましです。

さて今日は皆さんが今まで見てきた世界とは似ても似つかない世界のモデルが(二度と見たくないと言う人もいるかもしれませんが)、誰でも知っているごく単純な光の性質を説明できるところをお見せしましょう。たとえば鏡に当った光が反射する際、入射角と反射角とは等しいとか、空中から水に射しこむ光は屈折するものだとか、光は直進するとか凸レンズを使えば光を集めることができるとかいうような光の性質についてです。この理論はこれだけでなく、あまり人に知られていないような光の他の性質もたくさん説明できるのです。実のところ、この講義を準備するにあたって、光が物の端を越えて陰に入っていく回折と呼ばれる現象のように、皆さんが学校で苦労して勉強されたような複雑なことがらばかりを例にあげたくて困りました。しかしそのような現象は、ふつう特に注意して観察することではないので、例にひくのはやめにしておきます。ここではもっとも簡単でありふれた現象しかとりあげませんが、量子電磁力学はこと光に関するかぎり、今までく

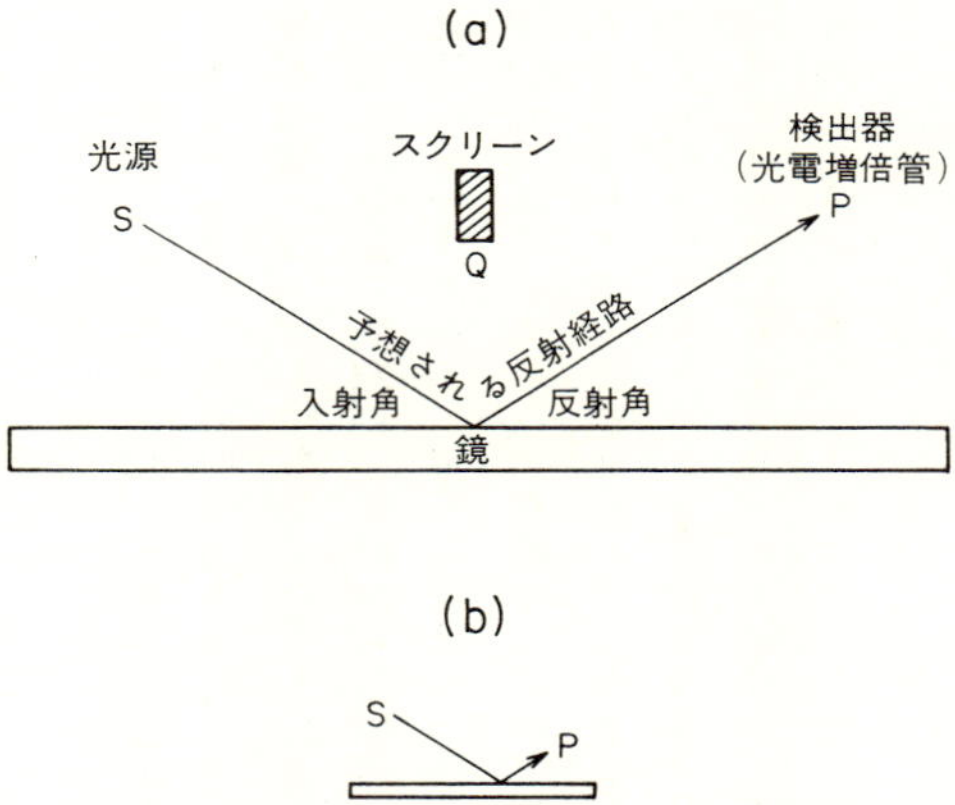

図 19　古い世界観によれば，(b)のように光源と検出器の高さが違っても，やはり鏡は入射角と等しい角度で光を反射する．

わしく観察された現象なら、どんなことでもすべて説明できることを保証しておきます。

それではまず鏡の例から始めて、光がどのようにして鏡から反射するのかを考えてみましょう(図19参照)。この図中のS点は光源で、単色(前回と同じく赤色光ということにしましょう)の弱い光を出しているものとします。光源からは光子が一度に一個ずつしか出てきません。そしてこの光子を検出するため、光電増倍管をP点に置きます。すべてを対称の位置に配置しておけば矢印が描きやすいので、この増倍管も光源と同じ高さに置くことにします。こうしておいて光源を出た光子が検出器に当ってカチンという音を出す確率を計算するわけですが、光子が直接検出器の方に行く可能性がありますから、これをさえぎるためQ点にスクリーンを置くことにしましょう。

この図でわかるように、入射角と反射角とが等しいのは鏡の中央ですから、検出器に到達する光はすべて鏡の中央から反射したものと考えがちです。鏡の両端に近い部分はこの反射実験とは、てんで関係ないように思われますがどうでしょうか?

皆さんは鏡の両端は、光源から検出器に進む光子の反射とは何の関係もないと思われるに違いありませんが、量子力学はいったいこれをどう見るでしょうか? ここで思い出していただきたいのは次の法則です。ある現象が起きる確率は、可能な各過程一つ一つに対応する矢印を合せた結果得られる最終矢印の長さの自乗に等しいということです。二つの面から部分的に反射する光を測る実験では、光子が光源から検出器まで達する道すじは二つありました。しかし今回の実験では、光子の経路は何百万とあり得ます。たとえば鏡の左の方のA点とかB点とかに行ってはね返され、検出器に入ることもできれば(図20)、皆さんが正解だと思っているG点へ行ってはね返されることも考えられる。また鏡の右端のKやMなどという点に当ってはね返り、検出器に達することもあるでしょう。しかし光子がそのような点で反射されるとすると、入射角と反射角とは等しくなりません。そんなば

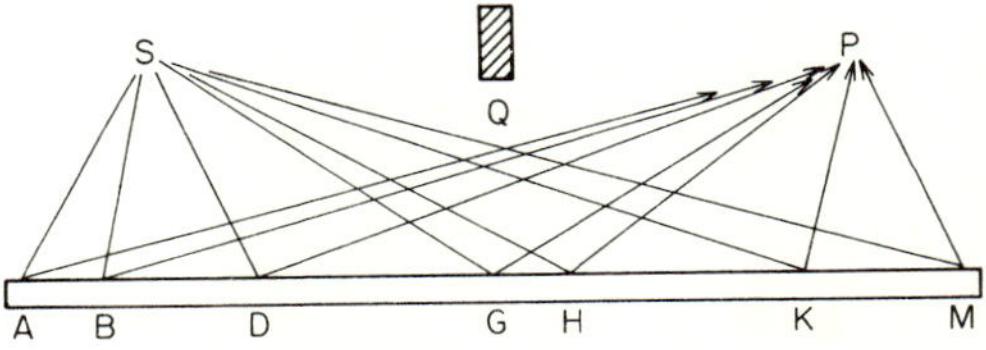

図 20　量子力学的な見方によると，光は鏡面のあらゆる部分で反射し，A から M にいたる振幅は等しい．

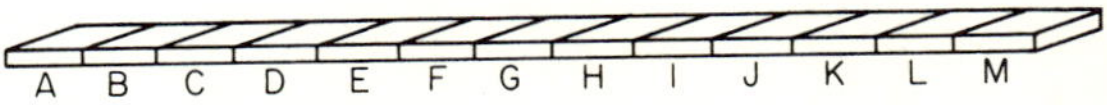

図 21　光の経路の計算をやさしくするため，鏡面をいくつかの小さな四角に区切り，一つの四角につき一つずつ光の経路があるものとする．このように平易にしたからといって，決してこの解析が不正確になることはない．

かな、ファインマンは気でも違ったかと思われるかもしれませんが、決して私の頭がおかしいのではなく、実際に光はさまざまな場所で反射されてくるのです。それにしてもいったいどうしてこんなことになるのでしょうか。

この問題をわかりやすくするため、紙面からこちらに突き出す方向の鏡の拡りのことはちょっとの間忘れて、この鏡はただ左から右にのびる細長いものであると仮定しましょう(図21)。もちろん実際にはこの鏡の帯には光を反射する点が無数にあるわけですが、仮にこの鏡をたくさんの小さな四角に区切り、一つの四角につき一つしか光を反射する経路がないという近似法をとります。この四角をもっと小さくし、数を増やして光の経路の数を多くすればするほど、計算はむずかしくなるが、答はより正確になってゆくのです。

この条件で光の経路の一つについて一本ずつ、小さな矢印を描いてゆきましょう。各々の矢印にはそれぞれある長さと方向があります。まず長さを考えましょう。皆さんは、この鏡の中央のG点を通る経路に対応する矢印がいちばん長く(検出器に達する光子が、この経路を通る確率が非常に高そうに見えるので)、鏡の端に当る光子の経路を表わす矢印は、ずっと短いに違いないと考えるかもしれません。ところがどっこい、そうは問屋がおろさないのです。私たちは勝手にそんな法則を作るわけにはいきません。正しい法則、つまり実際に起ることはずっと簡単です。検出器に達する光子が、どんな経路を通るのも確率はほぼ同じなのです。言いかえれば、どの矢印も皆長さがほぼ同じであるということです。(実際には角度や距離によって、ほんのわずかな違いはありますが、それはささいなことなので、ここでは無視することにします。)ですから、描いてゆく矢印は任意に決めた規準の長さのものである、と言うことにします。この場合さまざまな経路を表わす矢印がたくさんあるので、一つ一つの長さはうんと短くしておきましょう(図22)。

矢印の長さはどれもほぼ同じであると仮定してよいのですが、向きについてはそうはいきません。前回の講演を憶えておられると思いますが、特定の矢印の向きは、光子がその

図 22　ここの計算では，光の経路は適当に決めた規準の長さをもつ小さな矢印で表わす．

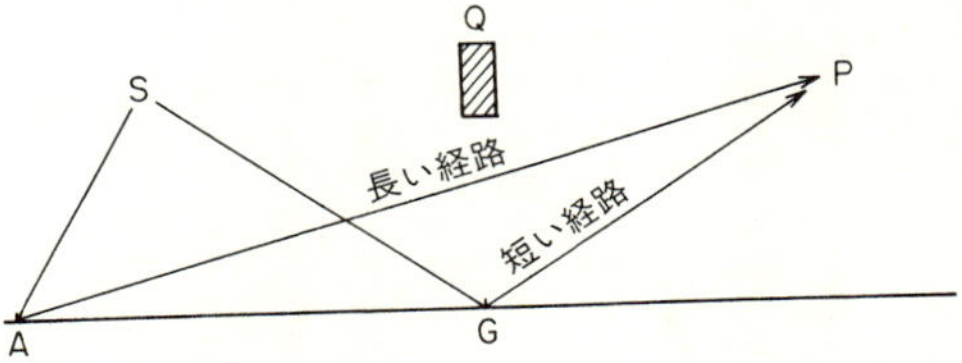

図 23　矢印の長さはほぼ同じでも，各経路に要する時間は同じでないので，矢印の方向はまちまちとなる．図からわかるように，SからAを経てPに達する光子は，SからGを経てPに達するものより時間がかかる．

経路を通るのに要する時間を測る架空のストップ・ウォッチの針の向きですから、所要の時間が違う分だけ方向もまちまちです。ある光子が鏡の左端のA点に行き、はね返って検出器に入るとすると、鏡の真ん中のG点で反射し、検出器に至る光子に比べて、長く時間がかかることは明らかです(図23)。あるいは皆さんが光源から鏡まで大急ぎで走り、そこで折り返して検出器まで行かなくてはならないと考えてみてください。そうすればはるか遠くのA点まで走り、それからあっちの検出器まで駆けてゆくのはあまり賢いやり方ではなく、折り返し点として鏡の真ん中あたりを選ぶ方が速いことがわかるでしょう。

今、各矢印の方向が計算しやすいように、鏡の図の真下にグラフを描くことにします

(図24)。そして光が反射する点のすぐ下に、その点を経て進んだ場合にかかる時間を縦軸としてグラフで表わします。時間が長くかかるほど、グラフの上の点は高くなるわけです。左端から始めると、光子がA点で反射する経路はかなりの時間がかかるので、グラフの高いところに点を書き入れます。次の点また次の点と、鏡の中央に近くなるにしたがい、光子がその経路を進むに要する時間は短くなってゆきます。すなわちグラフ上の点は、だんだん低くなってゆきます。鏡の中央を過ぎると、またもや光子の所要時間は次第に長くなってゆくので、グラフ上の点はまただんだんに高くなってゆきます。見やすいようにこの点を線でつなぐと、高い所から始まってだんだん低くなり、そしてまただんだん高くなってゆく左右対称の曲線が現れます。

さてこの曲線と矢印の方向との間には、いったいどんな関係があるのでしょうか？ 矢印の方向は、光子が光源から検出器まで特定の経路をとって進むに要する時間を表わしています。まず左端から始めて矢印を描いてゆきましょう。いちばん時間の長くかかる経路Aには、ある向きの矢印を描くことにします(図24)。次の経路Bの矢印は時間の長さが違うので、Aの矢印とは異なった方向を向いています。鏡の真ん中あたりのE、F、Gを通る場合の時間はほぼ同じなので、その矢印もほとんど同じ方向になります。鏡の中央を過ぎると、右側の各経路の矢印は、中央より左側の対称位置にある経路(つまり同じくらい

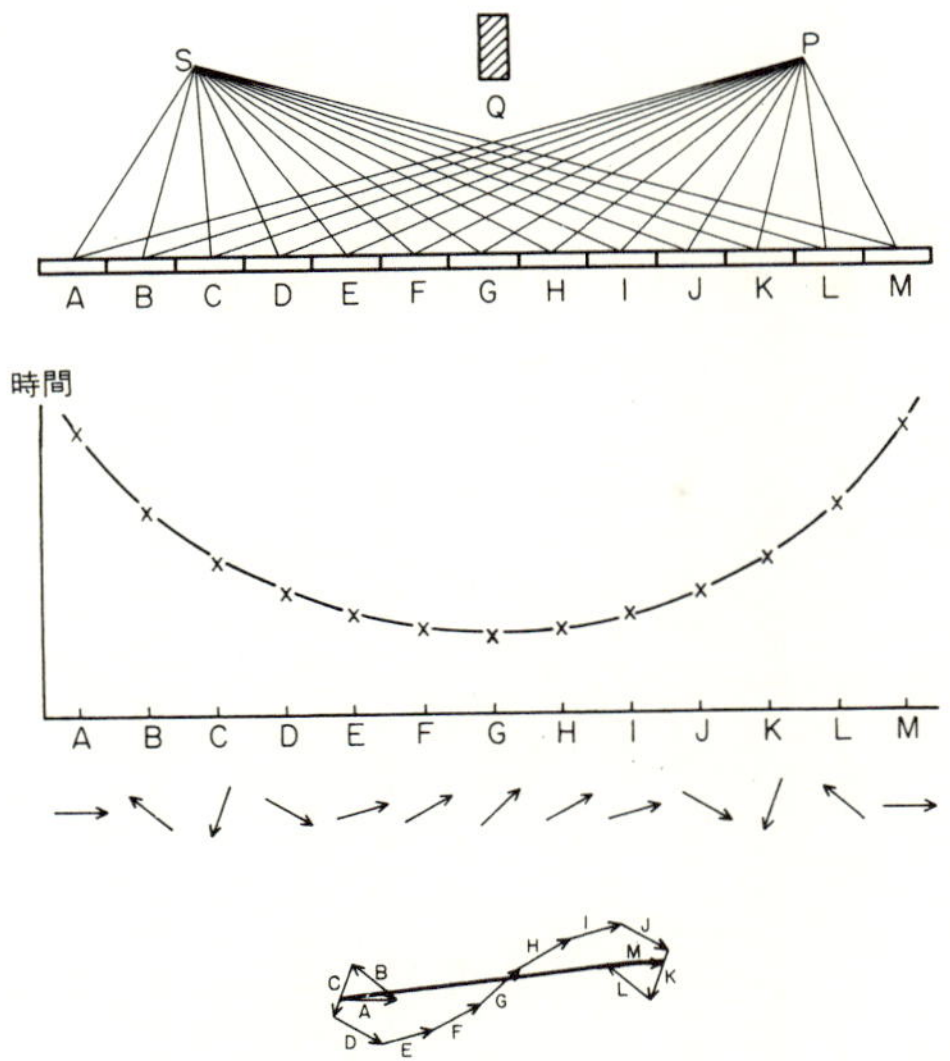

図 24　図の上部に示したのは(この単純化した場合の)光が通り得る経路で，その下には光子が光源から鏡の上のある点に行き，そこから光電増倍管まで達するのに要する時間をグラフで表わす．さらにグラフの下には個々の矢印の方向，そしていちばん下にはこれらの矢印を全部加えた結果を示す．この最終矢印の長さは主にＥからＩまでの矢印によっていることは明らかである．これらの経路を通るのに要する時間はほぼ等しいので，矢印の方向もほぼ等しくなっている．これは所要時間がもっとも短くなる部分でもある．したがって「光は最短時間の経路を進むものだ」と言ってもほぼ正しいわけである．

に時間のかかる経路)の矢印と同じ方向を向いているのがわかります。(もちろんこれはG点を正確に鏡の中央とし、光源と検出器を同じ高さにおいた結果ですが。)ですから経路Jの矢印を例にとってみますと、経路Dの矢印と同じ方向を向いているというわけです。

こうしておいてこの小さな矢印を全部加えることにしましょう(図24参照)。矢印Aから始め、Aの頭にBの尾をつなぐ、という具合に順々につないでゆきます。一つ一つの矢印を一歩として、この矢印をたどって歩いてゆくとすると、初めのうちは方向がまちまちなのでなかなか距離がかせげませんが、しばらく行くうちに矢印の方向がそろってくるので遠くへ進みはじめます。しかし終りの方に来ると、再び矢印の方向がまちまちになり、またもやどうどうめぐりをすることになります。

さてここで、この矢印を全部合せた最終矢印を描けばできあがりですが、合せるといっても、ただ最初の矢印の尾と、最後の矢印の頭をつなぐだけでよいのです。こうして私たちが矢印をたどって歩いた結果、直線にしてどれだけ進行したかを見ることにします(図24)。どうです、見てください。けっこう長い矢印ができたでしょう! かくして量子電磁力学の理論は、光が確かに鏡から反射するということを予測したわけです。

だがここでもう少し深く考えてみることにしましょう。いったい何によって最終矢印の長さが決るのでしょうか? この図を見ているといろいろなことが眼につきます。第一に

鏡の端ではあっち へ向いたり、こっちへ向いたりで、ちっともはかばかしく進みません。ですから端はあまり重要ではないと結論できます。その端の部分をばっさり切り落としてしまっても、最終矢印の長さはほとんど何の影響も受けません。それなのに私がこの端のためによけいな時間をつぶしていると、皆さんはもどかしく思っていたに違いありません。

それではこの最終矢印をこのように長くしたのは鏡のどの部分でしょうか？　それはごらんのように、矢印の向きがほぼそろっている部分です。同じ方向を向いているのは、その矢印の表わす各経路を光子が通過する時間がほぼ同じだからです。各経路の所要時間を示すグラフ(図24)を見ますと、曲線の底の部分、つまり所要時間が最短になるあたりでは、経路が変っても所要時間はほぼ同じであることがわかります。

以上をまとめますと、所要時間が最小の経路とは、そのまわりの経路がすべてほぼ同じ所要時間になっている部分です。つまり小さな矢印の方向がほぼそろっていて、合せればかなりの長さになる部分です。この部分こそ光子が鏡から反射する確率を決めている場所なのです。こういうわけで近似的には、光は所要時間がもっとも短い経路を進んでゆくという、大ざっぱな自然観が生れることになるのです。(そして光子の所要時間がいちばん短いところは、入射角と反射角の等しいところであることも簡単に証明できるのですが、残念ながら今はその時間がありません。)

こうして量子電磁力学は、鏡の中央が光の反射に関して大切な部分であるという正解を出しましたが、この正しい結果にたどりつくためには、光は鏡のさまざまな場所で反射するということを信じたり、結局は打ち消し合うことになる多数の矢印を足算したりしたわけです。こんなことはまったく無駄なことで、数学者向けのばかげたお遊びではないか、そもそもただ互いに打ち消し合うだけのものが必要だなんて、ちっともホンモノの物理学らしくない！　皆さんはきっとこう思ったに違いありません。

それでは光は確かに鏡の面のあらゆる部分で反射していることを、他の実験でテストしてみましょう。まず左の端四分の一くらいを残して、鏡の大部分を切り落とします。残した場所はよくないが、かなり大きな鏡の切れ端が残りました。前の実験では左端は隣り合った経路の所要時間に大きな差があるので、矢印はまちまちな方向を指していました(図24)。そこで今度はもっと細かい計算をするため、鏡の左端の部分をさらに細かく区切って、経路同士それほど時間の開きがないようにしてみましょう(図25)。この詳しい図を見ますと、矢印の中にだいたい左向きのものと、だいたい右向きのものが何本かずつあるのがわかります。この矢印を全部加えてみると、たくさんの矢印がほぼ円を描いてどうどうめぐりをしてしまいます。

そこで矢印が一方向(たとえば左向き)に向いている部分の鏡面を丹念に削りとって、矢

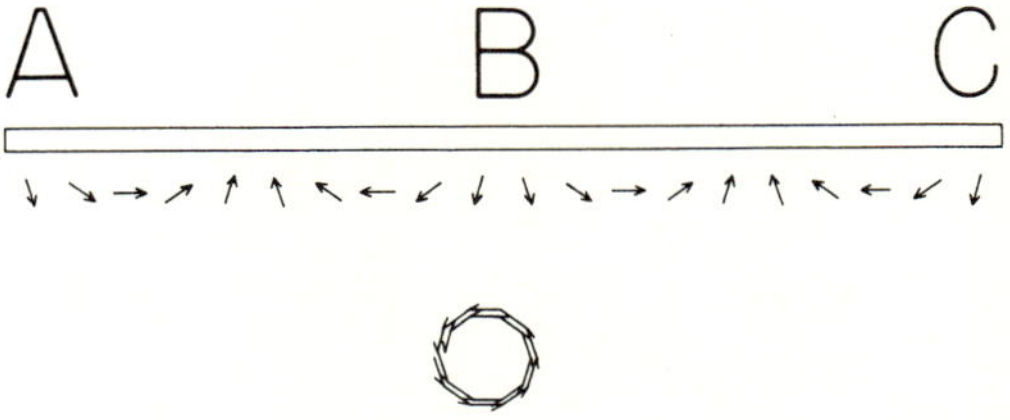

図 25　鏡の端の方でも確かに反射がある(ただ互いに打ち消し合っているだけである)，という考えをテストするため，Sから出た光が反射してもPに到達できないと思われる場所に鏡を置いて実験をしてみる．隣接経路同士間の所要時間の差が大きくならないようにするため，鏡面をさらに細かく区切る．各経路の矢印を加えてもたいした長さにならず，ただどうどうめぐりをするばかりである．

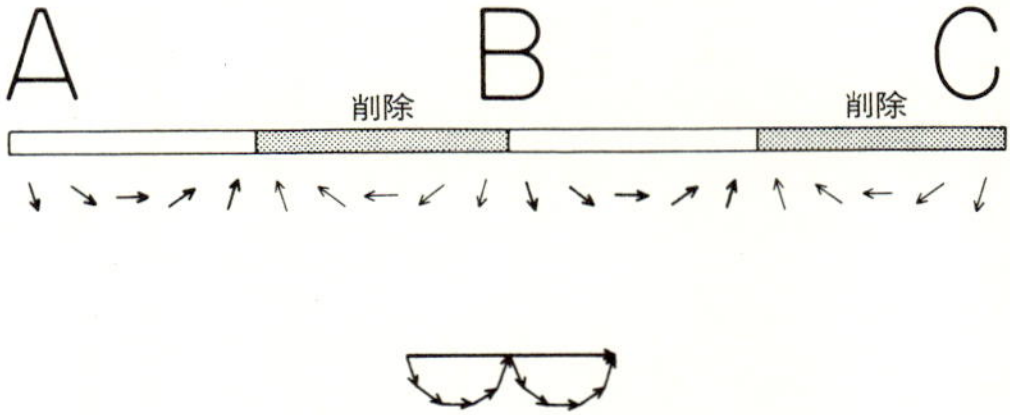

図 26　左方向に向いている矢印を，(対応する鏡面を削りとることにより)除去し，右方向に向いた矢印だけを加えてみると，反射できないと思われる鏡面の端の方からも，かなりの光が反射することになる．このように特定部分が削りとられた鏡のことを回折格子と呼ぶ．

印が反対(たとえば右)を向いている部分だけが残るようにしてみます(図26)。こうして残ったただいたい右向きの矢印ばかりを加えますと、でこぼこはあるが、かなりの長さをもった最終矢印ができあがります。ということは、理論の上から言えば、非常に強い反射が起るはずです。事実もまさにその通りになり、この理論の正しさが証明されたことになります。この種の鏡のことを「回折格子」と言いますが、まことにもって魔法のような鏡です。てんで反射しそうもない鏡の一片のあちこちを削りとると、とたんに光が反射するようになる、実に愉快なことではありませんか。[*1]

＊1　矢印がおおよそ左に向いている鏡の部分も、矢印がその反対を向いている部分を消してしまえば、光を強く反射することになる。この左向きと右向きの矢印が両方とも反射すると互いに打ち消し合うようになるが、これは二つの面からの部分反射に似ている。つまり光はガラスのどちらの表面からも反射するが、二つの面での反射の矢印が互いに逆に向くような厚さになると、反射は打ち消されてゼロになってしまう。

今お話したこの回折格子は、赤い色の光だけに合せて作られたもので、青い光には通用しません。青い光のためにはもっと密に切り目を入れた回折格子を新たに作る必要があります。なぜなら第一回の講演でもお話したように、青い光のストップ・ウォッチの針は、赤い光のより速く回るからです。したがって赤色用の針の回り方に合せた削り方では、青色には合わないため、矢印はそろわず、格子も役には立ちません。ところが偶然光電増倍管の位置を心もち下げて角度を変えると、これはふしぎ、赤い光のためにこしらえたこの回折格子が、今度は青い光に合うようになるのです。しかしこれは幾何学的な位置関係によるもので、単に運の良い偶然にすぎません(図27)。

さて回折格子に白い光を当ててみると、あるところでは赤い色の光が、そのやや上のところからはオレンジ色、黄色、緑、青といった具合に、虹の七色全部の光が現われます。明るい光の下で、細かく刻まれた溝が並んでいる面、たとえばレコード盤(それよりビデオディスクの方がもっと良い例ですが)のようなものをある角度から眺めると、虹のような色が見えるものです。皆さんの中には、銀色に光るきれいな看板や標識を見たことのある人があると思いますが(いつも陽の照っているカリフォルニアでは、よく車の後ろなどにはってあります)、車が動くにしたがって眩しいほど明るい光が赤から青へと変るのが見えます。さてその色がどうして現れるのか、もうおわかりのことでしょう。つまり皆さんは回折格子、すなわちある特定の場所が削りとられた鏡を見ているわけです。この場合の光源は太陽、皆さんの眼が検出器というわけです。ここでひきつづきレーザーやホログラムの仕組をお話するのはわけもないことなのですが、皆さんの中にはそんなものを見た

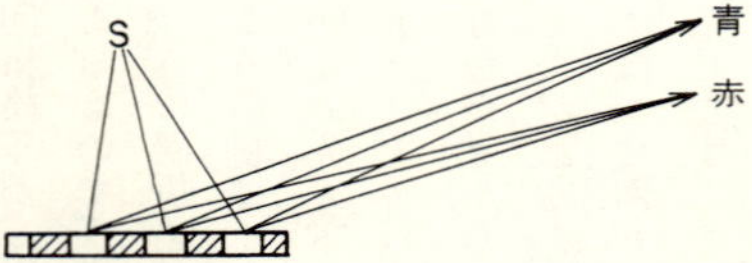

図 27　検出器の位置が変ると，赤色光に合せて溝の刻まれた回折格子でも，ほかの色の光に合うようになる．レコード盤のように溝の刻まれた面を眺めると，角度によって異なる色の反射が見えるのはこのためである．

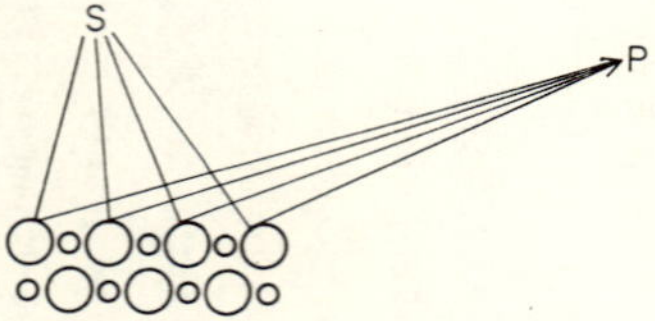

図 28　自然は結晶という形で，実に多様な回折格子を作った．塩の結晶は X 線(光の一種で，速度を測る仮想のストップ・ウォッチの針の回り方が非常に速く，眼に見える光の 1 万倍ものスピードで回る)をさまざまな角度で反射するが，その角度から個々の原子の並び方や間隔などを正確に知ることができる．

ことのない人もあると思いますし、ほかにお話したいことがたくさんあるので割愛しておきましょう*2。

*2　だが自然の作った回折格子をここで一つだけ取り上げずにはいられない。塩の結晶は、塩素とナトリウムの原子が規則的なパターンで密につめ合されたものである。その原子が交互に繰り返すパターンは、ちょうど溝が刻まれた場合と同様に、ある色の光(この場合はX線)が当ると回折

格子の働きをする。検出器でこのような特殊な反射(回折と呼ばれている)の強くなる角度を調べることにより、溝の間隔、ひいては原子の間隔を正確に知ることができる(図28参照)。これはあらゆる結晶の構造を知るのに非常に便利な方法であるだけでなく、X線が光と同じ電磁波であるという事実を確認するすばらしい方法でもある。このような実験は一九一四年に初めて行なわれた。いろいろな物質中で、原子がどのようにつまっているのかを初めて詳しく見ることができたとき、研究者たちは胸を躍らせた。

そういうわけで回折格子は、私たちが反射に関係ないと思っていた鏡の端の部分も、決して無視はできないという事実を教えてくれました。つまり私たちが鏡にちょっと気の利いた細工をすると、鏡のどの部分からも反射があるものだという事実を証明することができ、驚くべき光学現象を作り出すこともできるわけです。

こうして鏡の中央だけでなく、全面から反射があるという事実を証明したことには、もっと大切な意義があります。それは一つの事象の起りかた(過程)一つ一つにつき、振幅(つまり矢印)があるということ、そしてある事象がさまざまな条件下で起る確率を正しく計算するには、単に私たちが大切だと思う部分だけでなく、その事象が起り得る過程一つ一つに相当する矢印を全部加えなくてはならないということです。

ここで今度は回折格子よりもっと聞きなれた現象についてお話しましょう。それは空中から水に射しこむ光のことです。まず光電増倍管を水の中に入れます。(これは実験屋に任せておきましょう。)光源は空中のS点にあり、検出器の方は水中のD点におきます(図29)。ここでまた、光源を出発した光子が検出器に達する確率の計算をすることにします。この計算をするためには、光が通り得る経路全部を考えにいれる必要があります。光の経路一つ一つにつき矢印があり、その長さは前例同様ほぼ同じです。また光子が各経路を通るに要する時間のグラフを作ってみましょう。高いところから始まり、だんだん低く下がってゆき、また上がってゆくこの曲線は、鏡から反射する光の場合によく似たものとなります。そして最終矢印の長さにいちばん大きく寄与するのは、矢印がほぼ同じ方向を指している部分(隣接経路の所要時間がほとんど同じである部分)、すなわち曲線のいちばん低くなったところです。その部分は所要時間がいちばん短いところでもあります。ですから所要時間がいちばん短いところを探しさえすれば良いわけです。

光は、空中に比べて水の中では動きがのろく見えます。(この理由については次の講演でお話します。)したがって空中の距離よりも、水中の距離の方が言ってみれば「高くつく」のです。水中で時間がもっとも短くなる経路を見つけるのはそれほど難しくはありません。今皆さんがライフガード(水泳場の監視人)で、S点に座っており、水中のD点で美

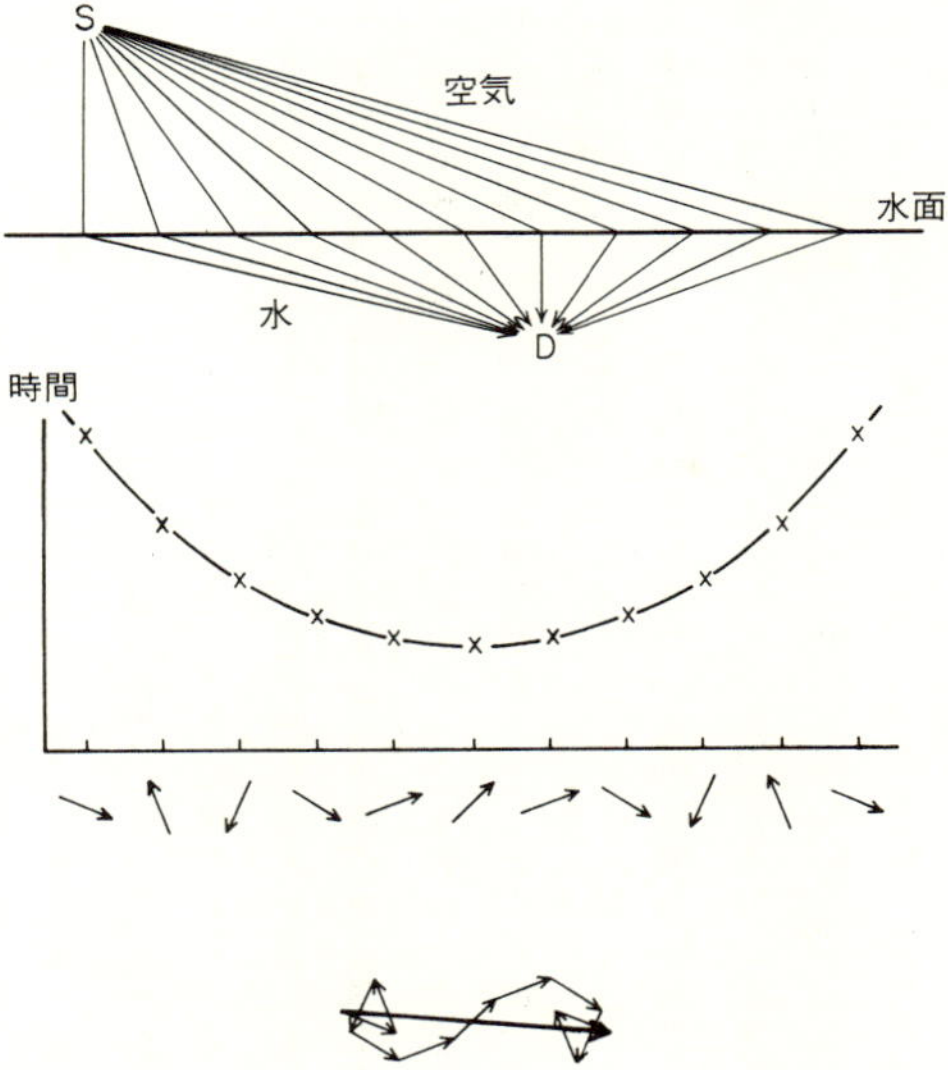

図 29　量子力学では，空中の光源から水中の検出器に達する光の経路は一つだけでなく，いろいろあると考える．鏡の例のように単純化して表わすと，それぞれの経路に要する時間のグラフができ，その下に個々の場合の矢印の方向を描きこむことができる．この例でも，最終矢印の長さに大きく寄与するのは，所要時間がほとんど同じであり，したがってほぼ同じ方向を指す矢印をもつ経路である．前の例と同じく，この経路こそ所要時間がもっとも短いのである．

人が溺れていると仮定します(図30)。人間は水中を泳ぐより地上を走る方が速いものです。ではいったいどの地点で水に入れば、溺れている美人のところまでもっとも速く行きつくことができるでしょうか？　皆さんはまずA点まで走っていって水に飛びこみ、あらん限りの力をふりしぼって泳いで行きますか？　もちろんそんなことはしないはずです。溺れる人に向かって一直線に走ってゆき、J点で飛びこむのももっとも速いルートではありません。人が溺れているというのに、どれがもっとも速いかなどと分析や計算をしていては困りますが、もっとも時間が短くてすむ入水地点を計算することはできるのです。それはJ点を通る直線距離と、水中の距離がもっとも短い入水点Nとの間にある点です。答は、光に共通する例の答で、全所要時間がもっとも短くてすむ経路、J点とN点の間にあるたとえばL点で水に入る経路なのです。

光の現象で、もう一つ触れておきたいものに蜃気楼があります。車で熱い路上を走っていると、ときに路の上に水のようなものが見えることがありますが、あれは水ではなく、実は空が見えているのです。ふつう路上に空が映るのは水が溜っているときですが(一つの面からの光の部分反射)、水がないのに空が映って見えるのはどうしてでしょうか？ここで知っておく必要があるのは、光は冷たい空気中では暖かい空気中よりも動きが遅いということです。そして蜃気楼が見えるのは、路上の熱い空気のすぐ上に冷たい空気の層

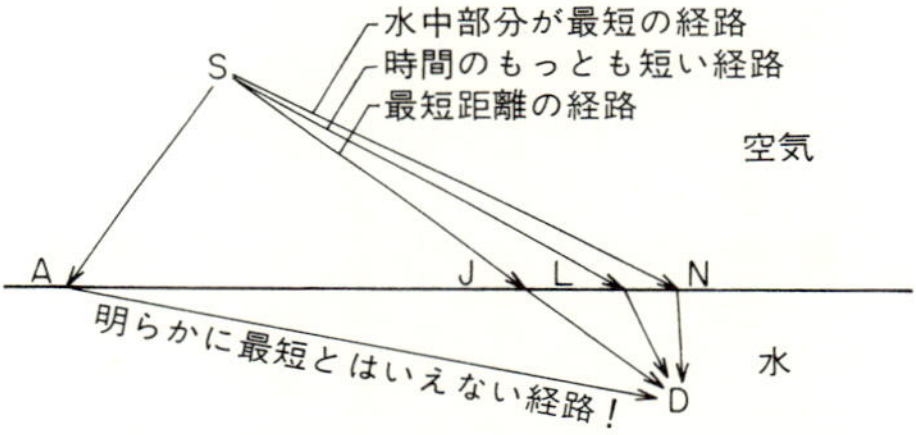

図 30 所要時間のもっとも短い光の経路を探すのは，ライフガードが浜を走って水に飛びこみ，溺れる者を助けに泳いでいく場合，もっとも速く到達できる経路を見つけるようなものである．最短距離の経路では水の部分が多すぎ，それかといって水の部分のもっとも少ない経路では陸の部分が多すぎる．したがって最短時間の経路は，この二つの経路の間ということになる．

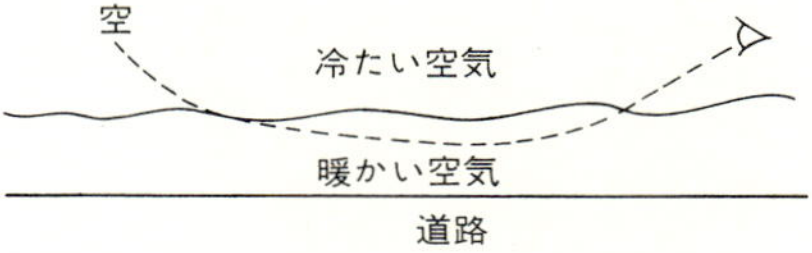

図 31 「蜃気楼」は光の最短時間の経路を見つけることにより，簡単に説明できる．光は暖かい空気の中では，冷たい空中より速く伝わる．路上に空が映っているように見えるのは，空からの光の一部が路上に沿って眼に届くからである．ふつう路上に空が映るのは水が溜っているときしかないから，蜃気楼では路上に水があるように見えるわけである．

があり、私たちが冷たい空気中にいるときです(図31)。路面を見下ろしているのに、なぜ頭上の空を見ることができるかは、最短時間の経路を探せばわかるのです。これは一つ皆さんに家で考えていただくことにしましょう。こういったことを考えるのは楽しいものですし、解答もわりに簡単に見つかるはずです。

今まで鏡で反射する光や、空中から水の中に射しこむ光の例をお話するにあたり、一つの近似的方法をとってきました。つまりことをわかりやすく、簡明にするため、光の経路を二本の直線(ある角度を作る二本の直線)で表わしていたわけです。しかし空気や水のような均一な物質の中を通る場合、必ずしも光が直線の経路を通るものだと決めてかかる必要はありません。それすら量子力学の一般法則で、ちゃんと説明がつくのです。つまりある事象が起る確率は、とにかく事象が起り得る過程一つ一つに相当する矢印を全部加えれば得られるのです。

そこで次の例として、なぜ光がまっすぐに進むように見えるのかを、小さな矢印を加える方法で説明したいと思います。まず光源をS、光電増倍管をPに置き(図32)、光が光源を出て検出器まで進む、あらゆるぐにゃぐにゃ曲った経路を全部考えて、その一つ一つに小さな矢印を描いてゆくことにしましょう。もう矢印ならお手のもののはずです!

Aのようにぐにゃぐにゃした経路には、その近くにもう少しまっすぐで、Aよりも明ら

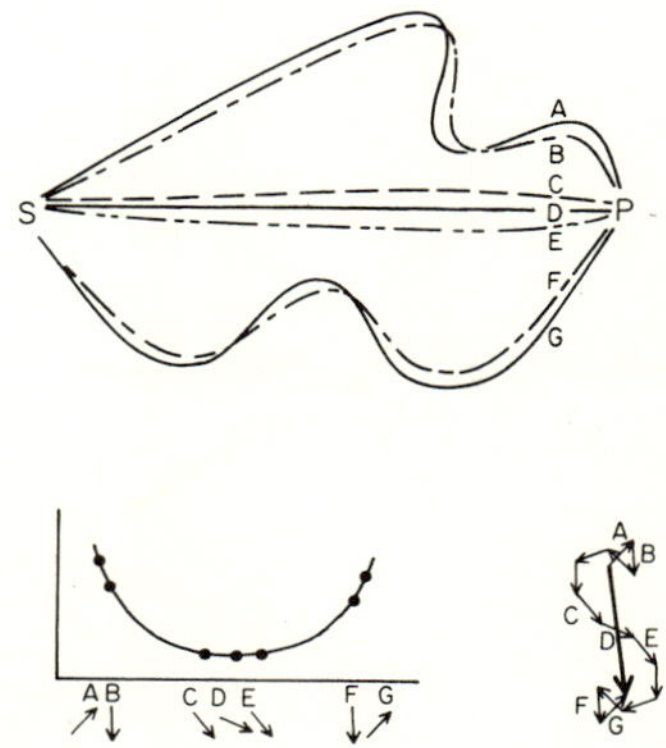

図32　なぜ光が直進するように見えるのかということも，やはり量子電磁力学の理論を使って説明できる．ぐにゃぐにゃ曲りくねった経路を考えると，その隣には必ず総距離のかなり短い，したがって所要時間も短い(そして矢印の方向もかなり異なった)経路がある．互いに時間がほとんど同じとなり，ゆえに矢印もほぼ同じ方角を指すのは，Dの直線経路周辺のみである．最終矢印を長くするのに役立つ意味で重要なのは，この矢印の向きがそろった部分だけとなる．

かに短い、言いかえれば時間の短い経路があります。しかしたとえばCのように経路がほとんどまっすぐになってくると、その近くのもう少しまっすぐな経路にしたところで、時間的にはたいした違いはありません。小さな矢印が互いに打ち消し合うことなく、加えられて伸びてゆくのはここの部分で、そこが光の通る道なのです。

ここで見落としてはいけない重大なことがあります。それは直線経路D(図32)を表わす矢印一本だけでは、光が光

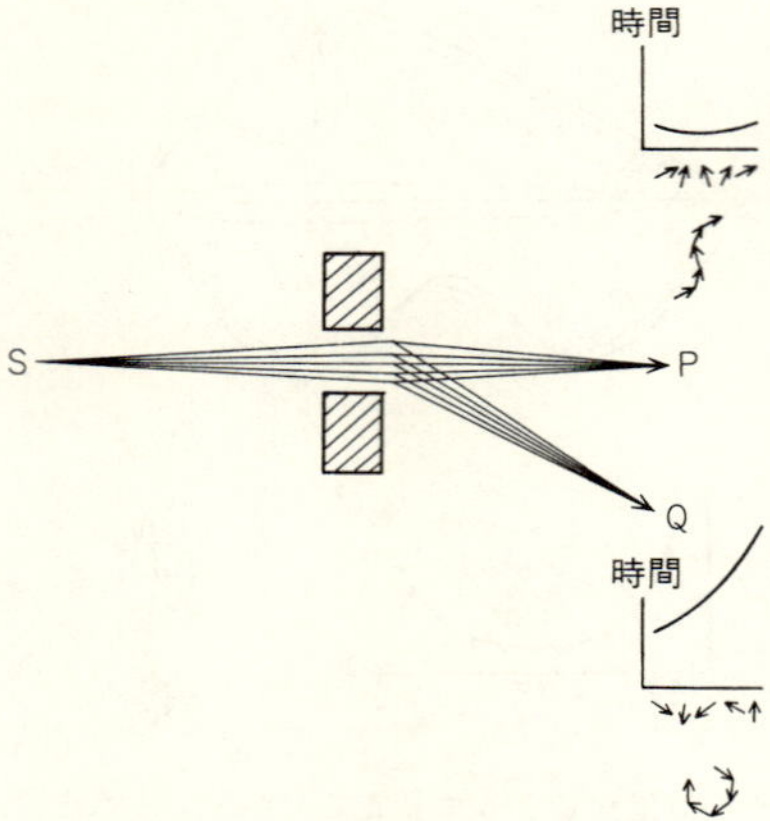

図 33　光は直線経路を通るだけでなく，その周囲の経路も通る．このような隣接経路も充分入る間隔を開けて 2 個の遮蔽物を置くと，光子は普通に P に達し，Q へはほとんど達しない．

源から検出器に達する確率に足りないということです。その近くのほとんどまっすぐな経路CやEなども最終矢印の長さに重要な寄与をしています。光は実際には直線上のみを通るのでなく、その周囲の経路も言わば「嗅ぎ」まわって、近くの空間を小さな「さや」として使うのです。(鏡の場合も同様で、ある大きさがなければ普通の反射ができません。周囲に進路の「さや」がとれないほど小さい鏡だとどこに置いてもやっぱり光は四方に散乱してしまうだけです。)

　この光の「さや」についてもっとくわしく調べるため、光源をS点、

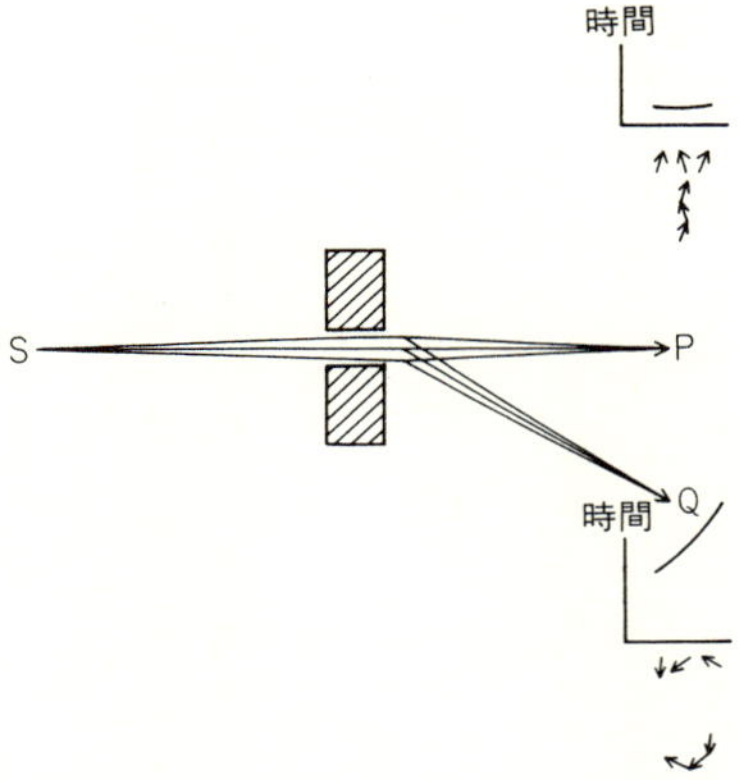

図 34　遮蔽物の間隔を狭め，わずかな経路しか通れないようにすると，P 点に達すると同じぐらいの光が Q 点にも届きはじめる．なぜなら Q 点へ達する経路の数が少なすぎて，互いに打ち消し合うほどの矢印がないからである．

光電増倍管をP点、その間に光があまり遠くに拡がらないように二個の遮光ブロックを置いてみます(図33)。そうしてもう一個の光電増倍管をP点の下のQ点に置きます。今一度ことをわかりやすくするため、光はSからQまで二本の直線から成る経路を通って行けると仮定しましょう。

さてどうなるでしょうか？　光源からPとQまでいくつもの経路が取れるだけブロックの間隔が開いている場合には、P行きの経路の矢印は互いにプラスし合って(Pへの経路はいずれも時間的にはほぼ同じなので)ずんと伸びますが、Qへの経路の矢印は相殺し合って(この場合のそれぞれの経路には時間的にかなりの差があるので)なくなってしまいます。したがってQ点にある光電増倍管はカチリと言わないわけです。

ところがこのブロックを少しずつ近づけてゆくと、あるところで驚くなかれQの検出器がカチカチ言い始めるのです! 光の通れる間隔がほとんどなくなり、近くの経路がほんの少ししかなくなると、時間的な差もなくなるので、Q点への経路を表わす矢印もまた足算し合うようになります(図34)。もっとも最終矢印は、P、Qどちらの点の場合にせよ短いため、このように狭い間隔を通る光はほんのわずかになりますが、少なくともP点と同じぐらいの頻度でQ点でもカチカチ音がするのです! つまり光が直線上しか通らないことを確かめようとして光の通路をせばめ過ぎると、光はもう言うことをきかなくなって拡がり始めるというわけです。*3

*3 これは「不確定性原理」の一例で、光が遮蔽物の間のどこを通るのかということと、そこを通ったあとどこへ行くのかということは、両方を正確に知ることが絶対できないという意味で、いうなれば「二者択一的」なものである。私はこの「不確定性原理」を歴史上の位置に据えたい。量子物理という革命的な理論ができはじめた頃、人はまだ(たとえば光は直進するなどというように)ものごとを旧式な考えで理解しようとしていた。ところがある点から先は旧式な考えが役に立たなくなりはじめ、「これについては旧式な考え方なんぞ全然通用しない」というような警告が発せら

れるようになった。もしわれわれが旧式な考えを完全に捨て去り、私がこの講演で説明しているような考え方、すなわちある事象が起り得る経路全部の矢印を合せる考え方を使ってゆけば、もはや「不確定性原理」などわざわざ持ち出す必要もなくなる。

これでわかったように、光が直進するという言い方は、私たちの身近にある世界で起る現象を説明するための便利な近似に過ぎません。光が鏡から反射するとき、その入射角と反射角は等しいというのも、それと同じように大ざっぱな近似なのです。

さきほどうまいトリックを使って、いろいろな角度で光を反射させたように、点から点へ進む光が、さまざまな経路を通るようなしかけをすることもできます。簡単にするため、まず第一に光源と検出器の間に垂直な点線(図35の点線。これはただの仮想上の線で、何の意味ももっていません)を引き、今ここでは二本の直線から成る光の経路だけを考えるものとしましょう。光の各経路に要する時間を表わすグラフは鏡のときと同じです(ただ今度はこれを横向きに描いてみます)。所要時間の曲線は上の方のA点から始まり、中央近くの経路は短く、時間もかからないのでずっと左によってゆき、また時間と距離が増えるにつれ、だんだん右に戻ってゆきます。

さてここでちょっと面白いことをやってみましょう。光をまんまと「だまして」、どの

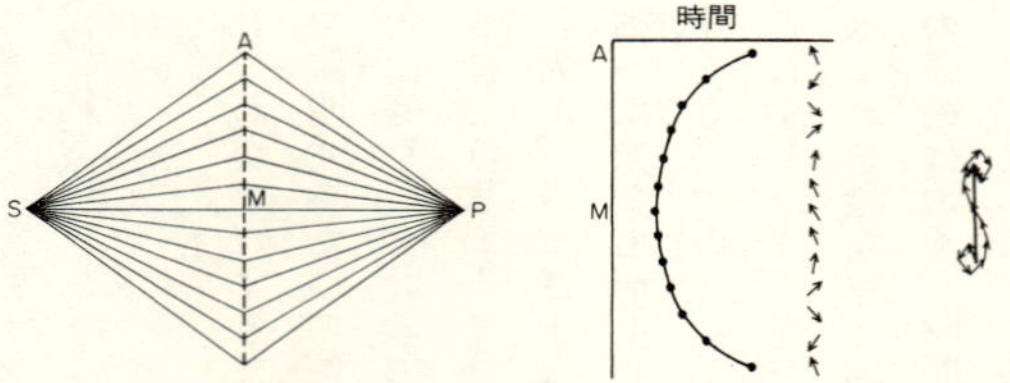

図 35　S点からP点に達する経路全部について分析するに際し，わかりやすくするため，一平面上にある二つの線分を合せた経路だけを考えることにする．こうしても，実際のもっと複雑な場合とまったく同じ結果となる．時間を示す曲線の最小点の部分が最終矢印の長さのほとんどを与えることになる．

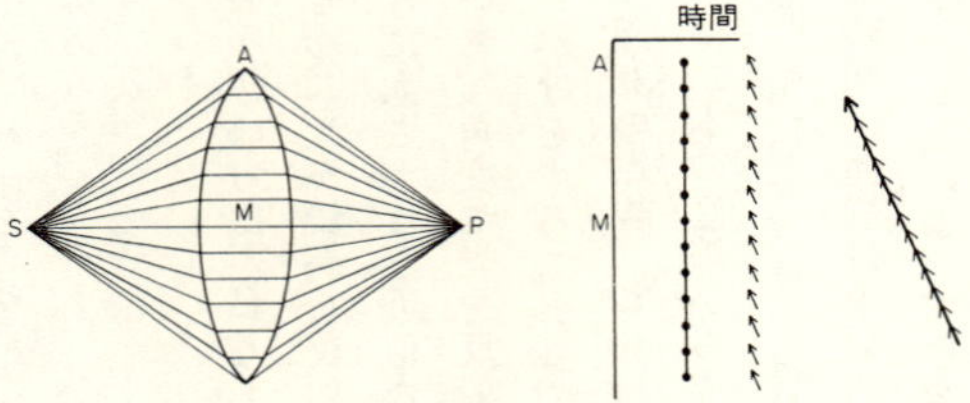

図 36　経路の短い光を遅らせることによって自然を「だます」ことができる．どの経路も所要時間が同じになるように厚さを計算で調節したガラスを，光源と検出器の間に入れればよい．その結果各経路の矢印は全部同方向に向き，すべてを加えるとばかでかい最終矢印ができあがる．ということは，非常にたくさんの光が集るということである！　光源から出た光が一点に達する確率を大いに高めるこのガラスは，凸レンズと呼ばれている．

経路を通るにも皆まったく同じだけの時間がかかるようにするのです。しかしいったいどうすれば、最短距離の進路Mをいちばん長い進路Aとまったく同じ時間で通らせるなどということができるのでしょうか？

光は、水中では空中より速度がおちるものですが、ガラス（水よりこの方が始末がよろしい！）の中を通るときにもやはり速度が遅くなるのです。したがって適当な厚さのガラスをMを通る最短距離のところに入れれば、光がこの経路を通るに要する時間と、Aを通るときの時間とを等しくすることができます。Mの隣のほんの少しだけ長い経路の場合は、ガラスの厚さはMのときほどはいりません（図36）。Aに近くなるにしたがい、光の進行を遅らせるために入れるガラスの厚さは、だんだん薄くなっていきます。こうして光が各経路を通るに要する時間を等しくするための、ガラスの厚さを正確に計算して挿入すれば、どの経路に要する時間も皆同じにすることができるわけです。

こうしておいて光の通る経路一つ一つについて矢印を描いてみると、全部見事に同方向に向かせることができたのがわかります。実際には、こうした小さい矢印が何百万もあるわけですから、それを全部加えると、あっというような巨大な最終矢印ができあがることになります。

もちろん皆さんは私がいま何の話をしているのか、とっくにおわかりのことでしょう。

そうです、これは凸レンズの話です。光の進行時間が皆等しくなるようなしかけをすることにより、私たちは光を集めることができるのです。言いかえれば、これによって光がある点に達する確率をうんと高くし、それ以外の点に達する確率をぐっと低くすることができるということです。

今までずっと話してきたような例を通して、これといった因果律もしかけも持ち合せず、現実からかけはなれてばかげた考えのように思えた量子電磁力学が、いかにして鏡による光の反射とか、水に射しこむ光の屈折や凸レンズの光の集光のような身近な現象を説明するかを示しました。それだけでなく回折格子のようなあまり人に知られていない現象も数多く説明して見せます。事実この理論は、光に関するすべての現象を見事に説明し続けて今日に至っています。

こうして私は、種々の異なる過程を経て同じ事象に至り得る確率を計算する方法を、例をあげながら示したわけです。事象に至り得る過程一つ一つについて矢印を描き、これを全部加える。「矢印を加える」には、単にその頭と尻尾を順々につないで「最終矢印」を描けばよいのです。そして最終矢印の自乗が、その事象の起り得る確率を表わすのです。

さて量子力学をもっと深く味わっていただくために、ここで私は、物理学者たちが複合事象(たとえばいくつかの段階に分けて考えられる事象とか、それぞれ独立して起きるいくつかのことから成るような事象)をどのようにして計算するかを、皆さんにお見せしたいと思います。

複合事象の一例としては、赤い光をガラスの一表面に当てて部分反射を測った最初の実験を、すこし変えて使うことにします。光電増倍管をA点に置く代りに、今度はA点に達する光子が通りぬけられる穴を開けたスクリーンを置いてみましょう(図37)。そうしておいてB点には一枚のガラスを置き、光電増倍管はC点に置くことにします。さて光子が光源からC点に達する確率をどう計算すればよいのでしょうか。

この事象は、連続した二つのステップに分けて考えることができます。第一ステップでは光源を出た光子が、ガラスの表面で反射してAに達する。第二ステップでは光子はAを出てBのガラス板で反射し、C点に達する。この二つのステップにはそれぞれの最終矢印つまり振幅(この二つの言葉を同じ意味の言葉として使うことにします)がありますが、それはこれまでに学んできたルールによって計算できます。第一ステップの振幅の長さは〇・二で(その自乗は〇・〇四で、これがガラスの一表面からの反射の確率を表わす)、ある角度で回転していますが、仮にこれを二時の方向としましょう(図37)。

第二ステップの振幅の計算をするにあたっては、仮に光源をA点とし、光子をその上にあるガラスの層に向けて放つものとします。このガラスについては前の面と裏の面の両方

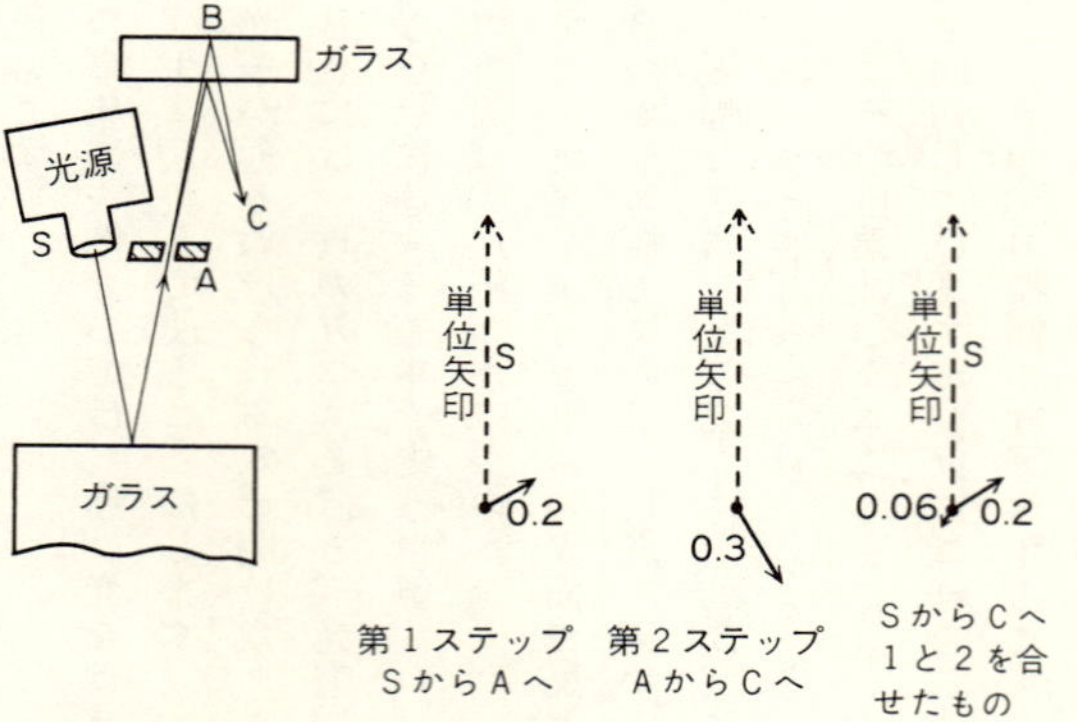

図 37　複合事象は，いくつかのステップが連続して起きるとして分析できる．この例ではSからCに達する光子の経路は二つに分けられる．第1ステップでは光子はSからAに達し，第2ステップでAからCに達すると考えるのである．各ステップは別々に分析され，その結果できた矢印は今度は新しい見地から見直される．つまりその矢印は単位矢印(長さが1で12時の方向を指す)が，短縮と回転を経てきたものと考える．この例では第1ステップの短縮は0.2で回転は2時の方向まで，第2ステップでは短縮は0.3で回転は5時の方向である．この二つが続いて起きる場合の振幅を求めるには，連続して短縮させ回転させればよい．つまり単位矢印は短縮され回転して，長さ0.2で2時の方向を向いた矢印となり，(今度はその矢印自身が単位矢印になったかのように)さらに0.3で5時の方向に短縮，回転して，長さ0.06で7時の方向を向いた矢印を作りだす．このように連続して短縮，回転することを，矢印を「乗じる」という．

から反射する光の矢印を描き、これを加えますが、その結果最終矢印の長さが〇・三、角度は五時を指しているものとします。

さてこの二本の矢印を合せて事象全体の振幅を描くにはどうすればよいでしょうか？ここで私たちは各ステップの矢印を新しい方法で見ることにします。つまり短縮および回転の指示として見るのです。

ここにあげた例では、第一の振幅は長さが〇・二あり、二時の方向を向いています。まず長さが一で、真上を指す矢印（単位矢印）から始めると、第一ステップではこれを一から〇・二に短縮し、一二時（つまり真上）から二時の方向に回転させることができます。第二ステップの振幅は「単位矢印」を一から〇・三に短縮し、一二時から五時に回転させたと考えることができます。

この二つのステップの振幅を合せるには、連続して短縮、回転させればよいわけです。まず第一に「単位矢印」を一から〇・二に短縮し、一二時から二時に回転させます。そして次にこの矢印をさらに〇・二からその一〇分の三の長さに短縮し、一二時から五時までの角度を回転させます。さっきすでに二時まで回転していたわけですから、結果としては二時から回転して七時を指すことになります。この結果できあがった矢印は〇・〇六の長さで、七時の方向を指しており、〇・〇六の自乗つまり〇・〇〇三六の確率にあたるわけです。

この矢印をよく見ますと、二本の矢印を連続して短縮し、回転させるということは、角度を加え(二時＋五時)、長さを乗じる(〇・二×〇・三)のと同じであることがわかります。角度を加える理由はしごく簡単です。つまり矢印の角度は、架空のストップ・ウォッチの針の回転で決るのですから、二つのステップを通しての回転は単に第一ステップで回転した角度と、第二ステップでそれからさらに回転した角度との和になることは明らかです。

なぜこの作業を「矢印を乗じる」などと呼ぶのかは、少しく説明する必要がありそうですが、これがなかなか面白いのです。今ひとつギリシア人の見地から「掛算」というものを考えてみましょう(これはこの講義とはまったく無関係ですが)。ギリシア人は整数とは限らない数を使うため、数を線で表わしました。どの数も皆単位の線を拡大するか縮めるかの変形として表わすことができます(図38)。たとえばA線が単位の線であるとすれば、B線は二を、C線は三を表わすという調子です。

ところで二に三を掛けるのはどうすればいいでしょうか？　それには変形を続けて行なうのです。Aを単位の線とし、これを二倍にのばし、続いてこれを三倍に延ばします。(まず三倍にしてから二倍にしても同じことで、どっちが先でもかまいません。)その結果はD線で、六を表わします。では二分の一を三分の一倍するのはどうすればよいのでしょ

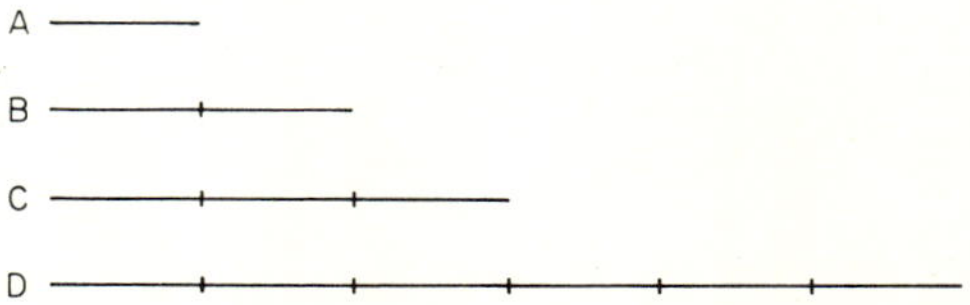

図 38　どのような数であっても，ある単位の線が伸長または短縮の変形をしたものとして表わすことができる．今 A を単位の線とすると，B は 2(伸長)，C は 3(伸長)を表わす．線を乗じるには連続して変形すればよい．たとえば 3 を 2 倍するということは，単位の線が 3 倍に伸長し，続いてその 2 倍に伸長するということで，その結果 6 に伸長という答(D 線)がでる．一方 D を単位の線とすれば，C 線はその 1/2(短縮)，B 線は 1/3(短縮)を表わす．1/2 に 1/3 を掛けるということは，単位の線 D が 1/2 に短縮され，続いて 1/3 に短縮されたということになり，結果的には 1/6(A 線)に短縮されたという答がでる．

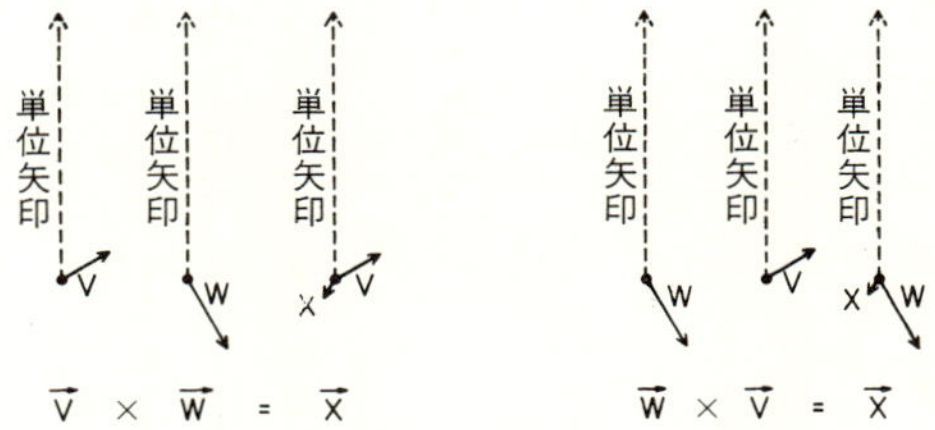

図 39　数学者たちは，矢印を乗じるということは単位矢印を変形する(今の場合は短縮と回転)ことによっても表わすことができるのに気がついた．つまり矢印を乗ずるには一連の変形をすればよい．普通の掛算と同じように，掛ける順序はどちらが先でもよく，答の矢印 X は矢印 V に W を掛けても，W に V を掛けても得られる．

うか。Dを単位の線とし、これを二分の一に縮め(C線)、それからこれをさらに三分の一に短縮します。結果はA線となり、それは六分の一を表わすことになります。

矢印の場合も、これと同じ方法で乗じることができるのです(図39)。つまり線のときと同じく単位矢印を続けて変形させるのですが、違うところは、矢印の変形には短縮と回転の二種があることです。いま矢印Vに矢印Wを掛けるには、単位矢印をVを作るに要するだけ短縮し、回転させ、さらにWを作る方法にしたがって短縮、回転させるのです。この場合もV、Wのどちらを先にやってもかまいません。このように矢印の掛算も、普通の数と同じ、続いた変形の組合せ則にしたがうことがわかります。[*4]

＊4　数学者たちは代数の法則($A+B=B+A$、$A\times B=B\times A$、…というような)にしたがうものを一つ残らず探し出そうとしてきた。そもそも代数の法則は、人間だのリンゴだのを数えるのに使う正の整数を対象にして作られたものである。後になってゼロや分数、無理数(二つの整数の比として表わすことのできない数)、さらには負の数の発見によって、数の概念はさらに発展してきたが、これらもすべてもとの代数の法則にしたがっていた。数学者が発明した数は、はじめのうちは一般の人に理解しにくいようなもの(たとえば半分の人間などは想像し難い)もあったが、今ではもう全然難しくなくなった。「ある地域では一平方マイルあたり平均三・二人がいる」などと聞いても、道徳的疑問に悩まされたり、何となく血なまぐさい思いをしたりする人はよもやあるまい。誰

一人としてこのとき、「〇・二人」の姿などを想像する者はなく、三・二という意味、つまり三・二を一〇倍すれば三二になるということがちゃんとわかっている。そういうわけで代数の法則にあてはまるものには、必ずしも現実の世界にかかわりがなくとも、数学者たちの興味をそそるようなものがたくさんあるのである。

平面上の矢印は、頭と尻尾をつないでゆくことで「加える」ことができ、短縮と回転を続けて行なうことで、「乗じる」ことができる。このような矢印も代数の法則にしたがっている以上、数学者たちは「数」と呼んでいる。ただしこのような数は普通の数と区別するため、「複素数」という名で呼ばれている。「複素数」のところまで数学を学んだ人に対しては、「事象の確率は、複素数の絶対値の自乗である。事象が多くの経路で発生し得る場合は各経路の複素数を加えるし、いくつかのステップすべてを続けて経由して発生するような事象については、(各ステップの)複素数を乗じる」と言うこともできたわけである。その方がいかにも偉そうに聞こえるが、今まで私が説明してきたことと以上のことは、一言も言っていない。同じことを違う言葉で説明しただけのことである。

今度は数段階が続く場合のことを念頭におきながら、第一回目の講演の最初の実験に戻って、表面での部分反射を考えてみましょう(図40)。この場合は光の反射経路を三つのステップに分けることができます。第一ステップでは光が光源からガラスに達し、第二ステップではガラスで反射し、第三ステップでガラスから検出器に達します。この各段階は単

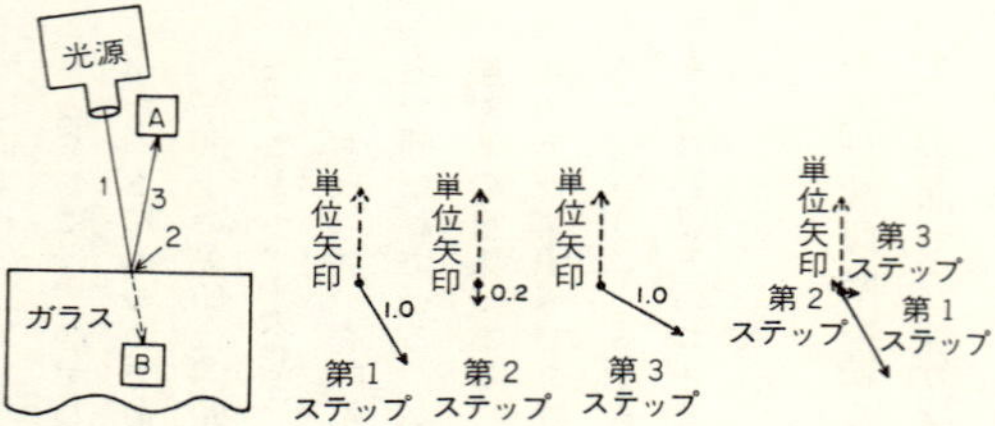

図 40　1表面からの光の反射は，3ステップに分けることができ，単位矢印はそれぞれのステップで短縮および(または)回転をする．全ステップを通した結果は，ある方向を向いた長さ 0.2 の矢印で，これは前回と変りないが，ここではもっと詳しく分析したことになる．

位矢印をある量だけ回転させ、短縮させる過程と考えられるのです。

第一回目の講演のときには、光がガラス表面から反射する経路全部は考えなかったのを覚えておられるかと思います。全経路を考えると、小さな矢印を数えきれないほどたくさん描き、さらにこれを加えねばなりません。そのような厄介な作業を避けるため、光はガラス面上のある特定の点に直行する、つまり光は拡がらないような話し方をしてきました。しかし実際には点から点へと進む光は(レンズでだまされない限り)拡がるので、その分だけ単位矢印がいくらか短くなるのです。しかし私はここではあくまでも光が拡がらず、矢印は短くならないという単純化した近似をとります。光は拡がらないのですから、光源を出発した光子は必ずAかBに行くものと考えてよいことになります。

そういうわけで第一ステップでは短縮はなく、ただ回転するだけです。この回転は光子が光源からガラスの表面に達するのに要する時間を測る、架空のストップ・ウォッチの針の回転量にあたります。この例の場合は第一ステップを表わす矢印は長さ一で、ある角度を向いた矢印になるのです。今仮にこの角度を五時の方向とします。

第二ステップでは光子はガラスによって反射されますが、ここでは一から〇・二へと大幅に短縮され、ストップ・ウォッチの針は半周することになります。(今のところこの数はでたらめのように見えるでしょう。それはガラスから反射するか、その他の物質から反射するかによって違ってくるのです。これについても次回の講演で説明しましょう。)したがって第二ステップは、長さが〇・二で六時の方向(すなわち半周)を向いた振幅で表わされることになります。

最後のステップでは、光子はガラスから検出器へと進みます。第一ステップと同じくここでも短縮はしませんが回転はします。今仮に距離が第一ステップよりすこし短いとし、矢印は四時の方向を指すものとします。

こうしておいて矢印1、2、3を次々と「乗じ」(角度を加え、長さを乗じる)ます。この(1)回転、(2)短縮と半周分の回転、(3)回転という三ステップの総計は第一回目の講演のときの答と一致します。つまり第一と第三ステップの回転(五時+四時)は、全ステップを通

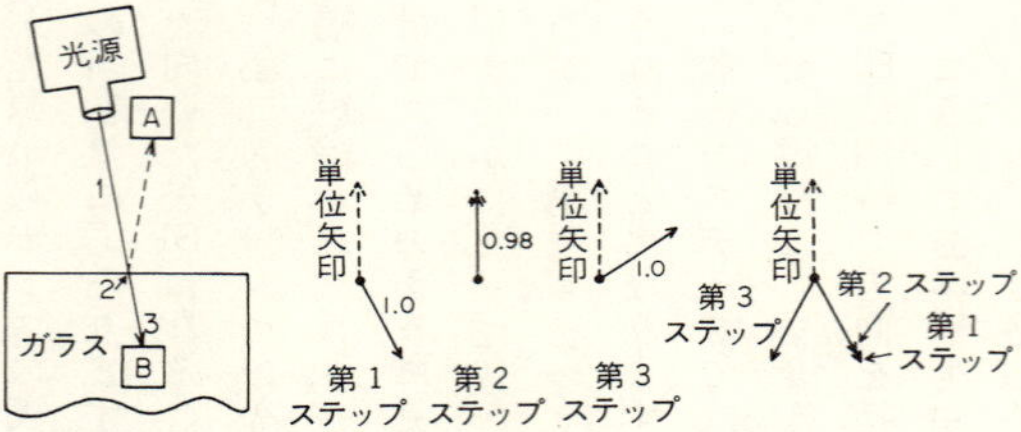

図 41　1表面を透過する光子の進行もまた3ステップに分けることができ，その各段階で短縮および(または)回転が起る．長さ0.98の矢印の自乗はだいたい0.96(0.98×0.98＝0.9604)で，これが透過の確率96%(これと反射の確率の4%と合せると100%となる)を表わすことになる．

じてストップ・ウォッチを回しっぱなしにして測ったときと同じ回転(九時)ですし、第二ステップでもう半周させると、ストップ・ウォッチの針の方向の正反対を向いたところも第一回目の講演で見てきた通りです(図10)。第二ステップでは長さが〇・二に短縮しますが、その結果を自乗すると一表面からの確率四%の部分反射を得るあの矢印ができあがります。

この実験では、最初の講演のとき調べなかった問題が一つあります。ガラスの面を透過してBに行く光子はどうなのでしょうか？ 自乗して九六%に近い値になるのは〇・九八ですから、光子がBに達する振幅は〇・九八に近い長さをもつはずです。この振幅もまた何ステップかに分けて考えることができます(図41)。

まず第一ステップは光源から発した光子がガラス

に達するまでですが、Ａに達する経路と同様、単位矢印は五時の方向に向きます。第二ステップでは、光子がガラスの表面を通過します。透過の際には回転せず、ちょっと短縮して〇・九八になるだけです。第三ステップでは、光子はガラスの内部を進みますが、ここではさらに回転するだけで短縮しません。

これをまとめた全体の結果は、長さ〇・九八である方向を向いた矢印となり、それを自乗したものは光子がＢに到達する確率九六％を表わすということになります。

ここでまた二つの表面からの部分反射をみることにしましょう。前の面からの反射は、一表面からの反射と同じことですから、その三ステップはさっき図40で見たのと同じです。裏の面からの反射は七つのステップに分けることができます(図42)。この場合全行程を通して光子の動きを測るストップ・ウォッチの針は一、三、五、七のステップの総和の分だけ回転し、〇・二の短縮が一回(第四ステップ)と、〇・九八の短縮が二回(第二、第六ステップ)あります。その結果の矢印は第一回目の講演の例と同じ方向に向いていますが、長さの方は〇・一九二となります。前に〇・二と言ったのはこれの近似値だったのです。

以上をまとめますと、ガラスによる光の反射と透過の法則は次の通りです。(1)空中から発し(ガラスの前面からはね返って)また空中に戻る反射では、〇・二に短縮し、半周の回転をする。(2)ガラスから(裏面にあたって)ガラスへ戻る反射もまた〇・二だけ短縮するが、

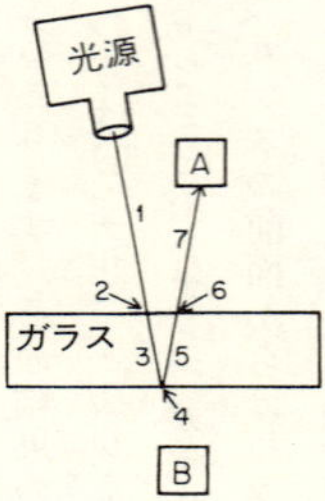

図 42　ガラス層の裏面からの反射は7ステップに分けられる．第1，3，5，7のステップでは回転のみ，第2と第6のステップでは0.98に短縮，第4ステップでは0.2に短縮する．この総合結果は長さが0.192(＝0.98×0.2×0.98)で(最初の講演のときには近似値をとって0.2としていた)，仮想のストップ・ウォッチの針が全ステップを通じて動いた角度の合計にあたる方向を向いた矢印となる．

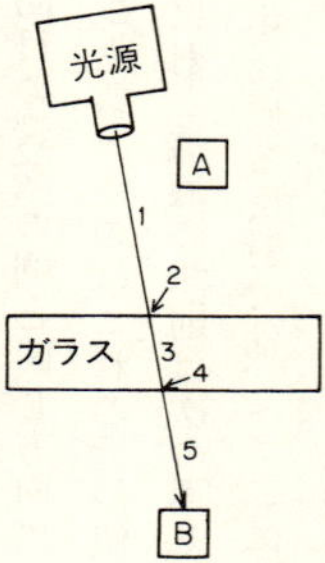

図 43　2表面による光の透過は5ステップに分けることができる．第2のステップでは単位矢印が0.98まで短縮され，第4ステップではその0.98の矢印がさらにその0.98に短縮される(その結果は約0.96)．一方第1，3，5のステップでは，矢印は回転するだけである．その結果できた長さ0.96の矢印は自乗すると約0.92になる．つまり二つの表面を透過する確率は92%であるということを表わす．透過が92%ということは，予期した通り8%の反射があるということだが，反射が正確に8%になるのは本当は「1日に2回だけ」起きる偶然でしかない．反射の確率が最大の16%になる厚さの場合，透過の確率が92%だとすると，光は100%ではなく108%もあったことになる！　この分析には，どこかに間違いがあるに違いない！

回転はしない。(3)空気からガラス中への透過あるいは、ガラスから空気中への透過では〇・九八だけ短縮するが、回転はしない。

面白いにしてもいささか食傷気味でしょうが、自然の事象がどう起り、それがどのようにしていくつかのステップに分ける方法で分析されるかを示す、たいへん気のきいた例をぜひもう一つお見せしたいと思います。まず検出器をガラスの下に据え、第一回目の講演でお話しなかったガラスの二表面による透過の確率を考えてみましょう(図43)。

むろん皆さんにはこの答がわかるはずです。すなわち光子がBに達する確率は、一〇〇%から光子がAに達する確率(あらかじめ計算しておく)を引いたものです。ですから仮に光子がAに達するチャンスが七%であるとわかっていれば、Bに達するチャンスは九三%のはずです。光子がAに達するチャンスは、ゼロから八%、さらには一六%までの値を(ガラスの厚さの差によって)とるのですから、Bに達するチャンスの方は、一〇〇%から九二%、そしてさらに八四%までに変ります。

これは正しいのですが、私たちは全確率を最終矢印を自乗することによって計算しようというのです。ガラスの層を透過する振幅の矢印を、どのようにして計算すればよいのでしょうか？　しかもAに達する確率とBに達する確率の和が、どんな場合でも必ず一〇〇%になるように、Aの長さと透過の矢印の長さがうまく対応し合うのは、どうしてでしょうか。もう少しくわしく考えてみましょう。

光源から発した光子は、五つのステップを経てガラスの下のB点にある検出器に到達します。各ステップを通るにつれて、単位矢印を短縮したり回転させたりしていきましょう。

最初の三ステップは前例とまったく同じで、光子は光源からガラスへ進み(回転するが短縮しない)、ガラスの前の面を透過する(ここでは回転せず、〇・九八に短縮される)。それから光子はガラス内を通りぬけます(回転のみで短縮しない)。

第四のステップでは、光子はガラスの裏の面を透過しますが、短縮と回転は第二ステップと同じで、回転せず、〇・九八だったものがさらに〇・九八だけ短縮されます。その結果矢印は長さ〇・九六となります。

さて最後のステップでは、光子はまた空中を通って検出器に達します。ということは短縮なしの回転のみということです。こうして最終的には長さが〇・九六で、全ステップを通じて回ってきたストップ・ウォッチの針が、ちょうど止まった方向を指す矢印ができあがります。

長さ〇・九六の矢印は、約九二%(つまり〇・九六の自乗)の確率を表わすものですが、言いかえれば光源を離れた一〇〇個の光子のうちの平均九二個がBに達するということです。これは同時に光子のうちの八%は、二つの表面から反射してAに達するということでもあ

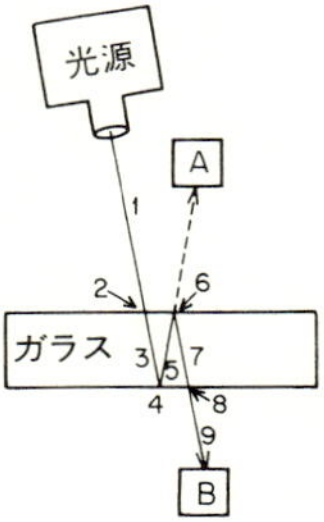

図 44　もっと正確な計算をするためには，光が二つの面を透過する別な経路をもう一つ考える必要がある．この経路では 0.98 の短縮が 2 度(第 2 と第 8 のステップ)，0.2 の短縮が 2 度(第 4 と第 6 のステップ)あり，その結果できた矢印の長さは 0.0384(四捨五入して 0.04)となる．

ります。ところが私たちが第一回目の講演のときに発見したように、二つの面から八％反射するということは、たまにある(「一日二回」)ことにすぎず、実際にはガラス層の厚さが増えるにしたがい、二つの面からの反射はゼロから一六％の周期を繰り返すのです。ではもし部分反射がちょうど一六％になるような厚さのガラスを使った場合はどうなるでしょうか？　光源から出発した一〇〇個の光子のうち、一六個はAに達し、九二個はBに達するとすれば、光は一〇八％あったことになります。これは一大事です！　どこかで何かが間違っているに違いありません。

　考えてみると私たちは、うっかりBに達する光のあらゆる経路を考えに入れるのを忘れていたのです！　たとえば光はガラスの裏の面ではね返り、ガラスの中をAの方に戻るように見えて再び前の面ではね返され、Bに下りてくることだってあり得ます(図44)。この場合の経路には九ステップもありますが、その一ステップごとに、次々と単位矢印にどんなことが起きるのか考えてみることにしましょう。(大丈夫、いくら九ステップといっても、ただ回転と短縮だけですから大したことはありません。)

第一ステップ――光子は空気の中を進みますが、これには短縮はなく、回転だけです。第二ステップ――光子はガラスの前面を通りぬけます。ここでは回転はなく、〇・九八に縮まるだけです。第三ステップ――光子はガラスの中を進みます。ここでは回転だけで短縮はありません。第四ステップ――光子はガラスの裏の面に当ってはね返ります。ここでは回転はなく、〇・九八の〇・二(つまり〇・一九六)に縮まります。第五ステップ――光子はガラスの中をまた戻ってゆきます。ここでは回転だけで短縮はなしです。第六ステップ――光子は前の面に当ってはね返ります。(光子はこのときまだガラスの中にあって外に出ていないのですから、正確には「裏の面」というべきかもしれません。)この段階では回転はなく、〇・一九六の〇・二(つまり〇・〇三九二)に短縮されます。第七ステップ――光子はガラスの中を再び戻ってゆきます。ここでは回転だけで短縮はありません。第八ステップ――光子はガラスの裏の面を通過します。回転はなく、〇・〇三九二の〇・九八(つまり〇・〇三八四)に縮みます。そして最後の第九ステップ――光子は空中を進んで検出器に達します。この場合は回転だけで短縮はありません。

この一連の回転と短縮の最終的結果は、長さ〇・〇三八四(実際には〇・四としてかまいません）の振幅で、角度はこの長い経路を通った光子の進行時間を測るストップ・ウォッチの針の、総回転角の方向を指しています。この振幅の矢印は、光源からB点まで進む光の第二の経路を表わしているのですが、二つの経路がある以上、二本の矢印を加えなくてはなりません。つまり一本はより直接的な経路の矢印で長さが〇・九六、もう一本はより長い経路で、長さ〇・〇四の矢印です。これを加えて最終矢印を作ります。

この二本の矢印はたいていの場合、同じ方向を向いてはいません。なぜならガラスの厚さを変えると、〇・九六の矢印から見た〇・〇四の矢印の方向が変ってくるからです。しかしこうして見るとすべてが何とうまくおさまるではありませんか。（Aに向う途上の）第三および第五ステップの光子を測るストップ・ウォッチの針の追加回転角は、第五と第七ステップ（Bに向う途上）の光子を測る針の追加回転角と一致します。つまり二つの反射の矢印が互いに打ち消し合い、反射の最終矢印がゼロにあたるときには、透過の矢印の方は、互いにプラスし合って長さ〇・九六＋〇・〇四すなわち一の最終矢印ができあがるのです。一方言いかえると、反射の確率がゼロのときは、透過が一〇〇％ということです（図45）。一方反射の矢印が互いにプラスし合って振幅が〇・四になるときには、透過の矢印の方は相殺し合って振幅の矢印の長さは〇・九六―〇・〇四すなわち〇・九二となります。つまり反射率が最大で一六％のときの透過率を計算すると、八四％（つまり〇・九二の自乗）となりま

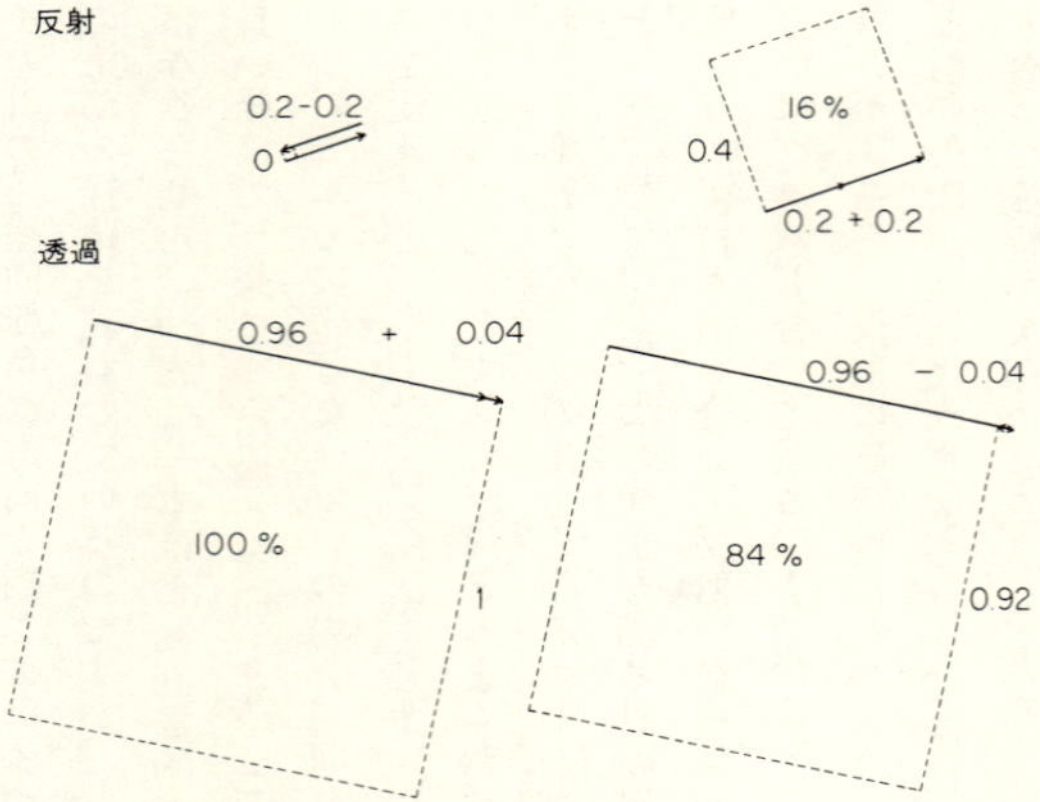

図 45 自然は光がいつも必ず100%になるよう，ちゃんと「念を入れている」ものである．透過を表わす三つの矢印が強め合うような厚さの場合には，反射の矢印は打ち消し合うことになり，逆に反射の矢印が強め合うときには，透過の矢印は打ち消し合う．

図 46 計算をさらに正確にするには，もっといろいろな経路を考える必要がある．この例では，第2と第10ステップで0.98の短縮，第4，6，8のステップでは0.2の短縮が起きる．その結果長さ0.008(正確には0.98× 0.2× 0.2× 0.2× 0.98= 0.00768)の矢印ができるが，これも反射の経路の一つとして，反射を表わす他の経路の矢印に加えなくてはならない．(前面について0.2，裏面について0.192.)

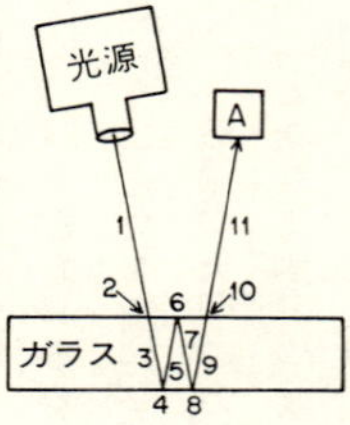

す。ちゃんと私たちの計算でも光子が一〇〇%になるようにできているのですから、自然の法則とは実に見事なものではありませんか！[*5]

＊5　光が一〇〇%になるようにするため、さっき〇・〇三八四を〇・四とし、〇・九二の自乗として八四%を使ったのに気づいた読者もあるだろう。しかしすべてを合せるときには〇・〇三八四も八四%も四捨五入する必要はない。光が進み得る全経路を表わす矢印全部が互いに補い合って、必ず正しい答を出すからである。こういったことに興味をもつ読者のために、光が光源から検出器Aまで進む経路をもう一例あげておこう。これは三連の反射(および二回の透過)をする場合で、この結果の最終矢印の長さは約〇・〇〇八と非常に短くなる(図46)。二つの面による部分反射の計算を完全にやりあげるには、この短い矢印を加えるだけでなく、五連の反射、七連の反射等々を表わすさらに短い矢印を加えてゆかねばならない。

今夜の講演を終える前にもう一つ、この法則にはどのようなときに矢印を乗じるのかを教えてくれる付則があるのを申しあげておきます。単に何ステップにもわたって続いて起る事象の場合だけでなく、同時に起きてもよいのですが独立した事象がいくつか付随的に含まれる場合にも、矢印を乗じる必要があるのです。そのような事象の例として、仮にXとYという二つの光源があり、二個の検出器AとBがある場合を考えてみましょう(図47)。

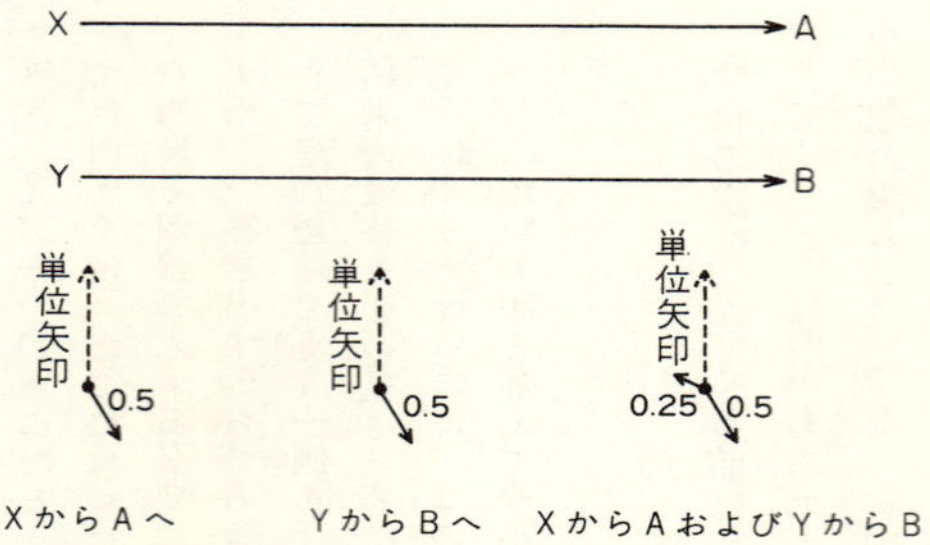

図 47　ある事象が起るのが，独立して起るいくつかのことがらに依存する場合は，その振幅は個々の独立したことがらの矢印を乗じることによって得られる．この例では最終的に起る事象とは，光源XとYがそれぞれ光子を1個ずつ失い，その後AとBの光電増倍管がカチンと音をたてるということである．考えられる経路の第1は，一つの光子がXからAへ，別の光子がYからBへ行く(二つの独立したことがら)という経路である．この「第1の経路」の振幅を計算するには，これら二つのことがら(XからAへ，YからBへ)を表わす矢印を乗じればよい．その結果がこの経路についての振幅となる．(この考察は図48に続く.)

そしてXとYとがそれぞれ一個の光子を放出した後、AとBとがそれぞれ光子を一個ずつ受けとるという事象の確率を計算するとします。

この例では光子は透過も反射もなく、ただ空中を進んで検出器に達するわけですから、光は進むにしたがって拡がるものだという事実を無視せず、考えに入れるには絶好のチャンスです。そこで単色光が一点から他の点へ空中を進む場合の完全な取扱規則を披露することにしましょう。もはや省略や近似はいっさいなしです。単色光が空中を進む場合(偏光は無視する)、これ以上の知識は要りません。矢印の角度は、一インチ進むごとにある回転数(これは光子の色によって決る)だけ回転するストップ・ウォッチの針で決ります。矢印の長さは、光の進行距離に反比例します。つまり光が進むにしたがい、矢印は縮んでゆくのです。*6

＊6　長さが半分に縮んだ矢印の自乗は、もとの(自乗の)四分の一になるから、ここにあげた法則は学校で教えている「ある距離を透過する(検出器に入る)光の量は、その距離の自乗に逆比例する」という法則にもちゃんとあてはまる。

仮にXを出てAに達する矢印は、Yを出てBに達する矢印と長さは等しく〇・五で、五時の方向に向いているとします(図47)。この二本の矢印を乗じると、長さ〇・二五で、一〇時の方向を向く最終矢印ができあがります。

だがちょっと待ってください！　この事象の起り得る経路はこれだけではなく、まだほかにもあるはずです。光子がXからBに行くこともあるし、YからAへ行くことだってあるでしょう。そういった部分にはそれぞれ振幅があるわけで、その振幅の矢印を描いたうえで、これを乗じることによって、このような経路で起る事象全体の振幅を求めることができるのです(図48)。このさい短縮する量は回転に比べて非常に小さいので、XからB、YからAのそれぞれの矢印は、だいたい同じ長さの〇・五ですが、回転にはかなりの差が

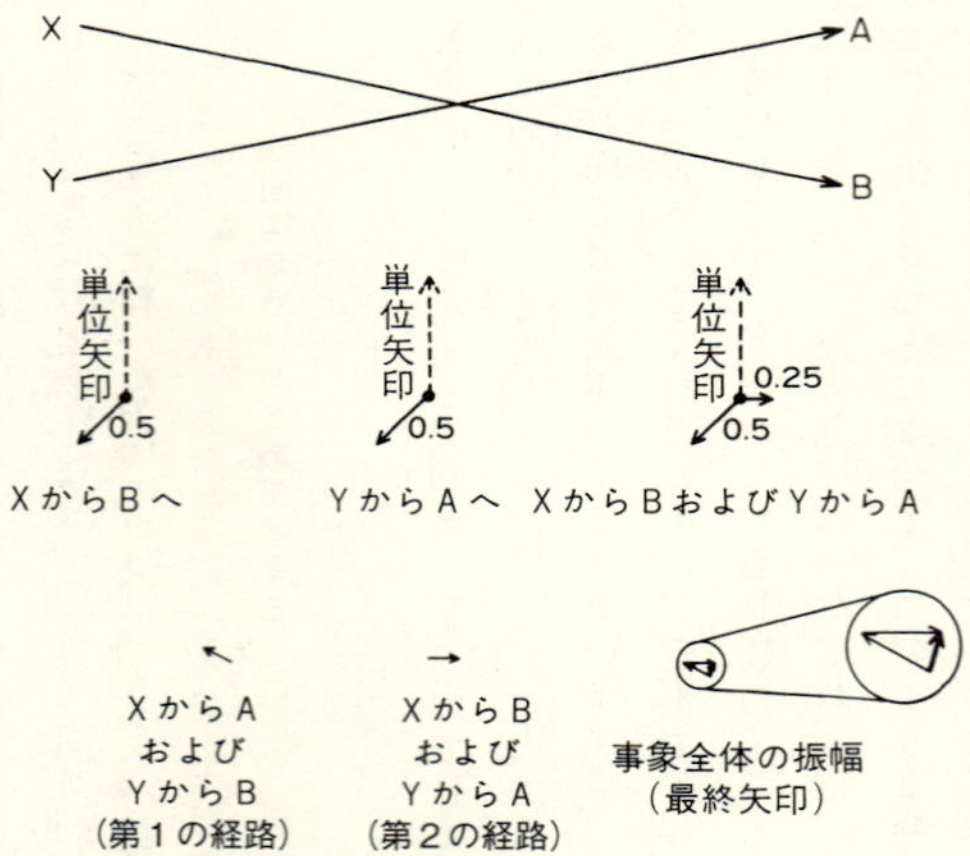

図 48　図 47 で説明した事象には，まだほかの起り方，たとえば 1 個の光子が X から B にゆき，もう 1 個の光子は Y から A に達するというように，二つの独立したことがらが起きることも考えられる．この「第 2 の経路」の振幅も，独立したことがらの矢印を乗じることにより計算される．「第 1 の経路」の矢印と「第 2 の経路」の矢印とは最後に加算されて，事象全体の最終矢印ができあがる．それまでにたとえどんなにたくさんの矢印が描かれ，乗じられ，加えられたとしても，一つの事象の確率というものは，必ず 1 本の最終矢印によって表わされる．

あります。赤色光の場合、ストップ・ウォッチの針は一インチにつき三万六〇〇〇回も回るので、距離の差はほんのわずかでも、時間にはかなりの差ができてくるのです。

　こうしてその事象の起り得るさまざまな経路一つ一つについての振幅を全部加えると、最終矢印ができあがりますが、各矢印の長さはほぼ同じであるため、その方向が逆を向いていれば、互いに打ち消し合うことだってあり得ます。二つの矢印の方向の差は、光源あるいは検出器の間の距離を変えることによって異なるので、たとえば検出器同士を遠ざけたり近づけたりするだけで、二面からの部分反射の場合と同様、事象の確率は打ち消されてゼロになってしまったり、最大値まで増えたりするのです。[*7]

＊7　この現象はハンブリー－ブラウン－トウィス効果とよばれ、宇宙の遠くにある電波源が一つか、それとも二つかを判別するのに使われている。この方法では電波源が非常に近い場合でも、判別することができる。

　この例の場合には、各矢印を乗じたあと足算をして最終矢印(事象の振幅)を求めましたが、この最終矢印の自乗が、その事象の起きる確率となるわけです。ここで強調しておきたいことは、どんなに多数の矢印を描き、加え、または乗じるにせよ、私たちの目的はその事象の最終矢印を計算することにあるのだということです。物理学専攻の学生も、はじめのうちこの大切な点を忘れてよく間違いをしでかすものです。あんまり長い間一個の光子にかかわる事象を分析しているうちに、つい矢印が光子と何らかの関係にあると思いはじめたりするわけですが、矢印は、あくまでも、その自乗が事象の起きる確率を表わすという確率の振幅なのです。*8

*8 この基本則さえ念頭においていれば、学生はたとえ「波束の収縮」などという不可思議なものにでくわしても、まごつかないですむはずである。

次回の講演で私は物の性質、たとえば〇・二に短縮するのはなぜかとか、なぜ光は空中に比べ、水中やガラスの中では速度が落ちるように見えるのかなどを簡単に説明していきたいと思っています。というのも、今までずっとこれをお預けにしてきたからです。本当のことを言うと、光子はガラスの表面ではね返るわけではなく、ガラスの中の電子と反応し合うのです。

次回には、光子は電子から電子へ渡り歩くだけであり、反射とか透過とかいう現象は、実は電子が光子を拾いとり、いわばちょっと「頭を掻いて」ためらってから新しい光子を放出した結果であるというようなことを、皆さんにぜひ見ていただきたいと思います。今までお話してきたように事象を単純化してみると、たいへん美しい姿になるものなのです。

3　電子とその相互作用

今日は量子電磁力学という、かなりむずかしい主題についての四回連続講演の第三回目ですが、今夜は前回に比べて皆さんの数が多いようですから、中には今までの話を聞いていないため、内容がさっぱりわからない人もいるかと思います。もっとも、前二回の話を聞いた人にしたところで、やっぱり今夜の話はわからないかもしれませんが、それでもちっともかまわないのです。第一回の講演のときお話した通り、自然を説明するために私たちがとらざるを得ない方法は、およそ私たちの理解を越えているのですから。

これから光と電子の相互作用という、物理学の中でも一番よく知られている部分についてお話したいと思います。私たちが日常経験している現象には、生物学や化学全般なども含めて、ほとんどすべて光と電子の相互作用が関与しています。この理論で扱えないのは重力と原子核に関する現象だけで、あとはすべてこの理論の傘下に入っているのです。

最初の講演で、ガラスによる光の部分反射といった簡単な現象すら、満足に説明する方法が存在しないことを学びました。ある特定の光子がガラスで反射されるのか、そのまま透過するのかすら予測できないのです。私たちにできるのはただ、ある事象が起る(この例では光が反射するかどうかの)確率を計算することだけです。(光が一つの面に直角に当っている場合は確率が四％で、光がもっと斜めに当るにしたがい、反射の確率は増えてゆきます。）

普通の状況の確率を扱うときには、次のような「合成のルール」があります。(1)事象がいろいろな経路を経て起り得る場合には、その一つ一つの経路について出した確率を加える。(2)いくつかのステップにわたって起る事象の場合や、独立していくつものことが付随的に起るといった事象の場合には、その各ステップ（あるいはそれら付随的なことがら）の一つ一つについて出した確率を乗じる、というのがそのルールです。

ところがいささか無茶だがすばらしいこの量子力学の世界では、確率を一本の矢印の長さの自乗として計算するのです。普通なら確率を加えるところを、私たちは矢印を「加え」、普通には確率を乗じるところを、私たちは矢印を乗じるのです。このような確率計算法で出した答は、はなはだ奇妙ですが実験の結果とぴったり合うのです。自然を理解するのにこのような変てこな理屈や、奇妙なルールが使われるとは、たいへんに面白いことで、私はこれを人に話すのが楽しくてしかたがありません。自然を理解するこの方法の背後には何のしかけもありません。自然をほんとうに理解しようとするなら、このような常識外れな考え方を受けいれなくてはならないのです。

今日の講演の本題に入る前に、光がどうふるまうか、もう一つの例をあげて説明したい

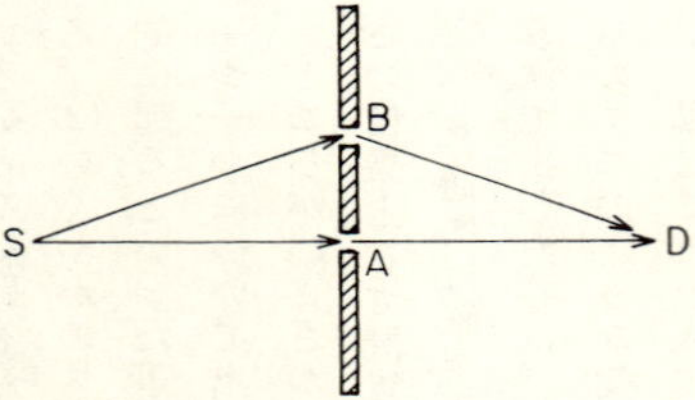

図 49　光源Sと検出器Dの間に置いたスクリーンに二つの小さな穴を開け，かわるがわるに一つをふさいでみると，どちらもほぼ同じだけの光を通す(この場合は1%)．ところが穴を二つとも開けたままにしておくと「干渉」が起るため，AとBの間隔により検出器は0%から4%の間の確率でカチンと鳴る(図51(a)参照)．

と思います。例にとるのは一度に光子一個ずつという非常に弱い単色光が、S点の光源を発し、D点にある検出器に達する場合です(図49)。光源と検出器の間にスクリーンを置き、このスクリーン上に、二、三ミリの間隔をおいてA点とB点に小さな穴をあけます。(もし光源と検出器が一メートル離れているとすれば、この穴の大きさは一〇分の一ミリ以下にする必要があります。) いまAはSとDを結ぶ線上におき、BはAの横で、SとDを結ぶ線から外すことにしましょう。

こうしておいてBの穴をふさいでみると、D点の検出器がある回数だけカチカチ音をたてます。このカチカチいう音は、Aの穴を通ってきた光子を表わす音です。(たとえばSを発する光子一〇〇個ごとに一回、つまり一%の割合で検出器が音をたてる、としておきましょう。) 次にAをふさいでBを開けておきますと、第二回目の講演からわかるように、穴が非常に小さいため、平均するとさっきとほぼ同じ回数だけカチカチ音をたてます。(通り路を狭めて「きゅうくつ」な目に合せすぎると、光は直進するという普通の世界の法則は通用しなくなるわけです。)次に両方の穴を開けたままにしますと、「干渉」があるため答は複雑になってきます。穴の間隔によってはカチカチいう回数が、予想される二％を上まわったり(最大は四％ぐらい)、またちょっと間隔を変えると今度は全然音をたてなくなってしまったりするのです。検出器に達する光の量は、穴が一つしかないときより二つあるときの方が必ず多いはずだと考えがちですが、実際にはそうではありません。したがって、光は「どちらかの穴を通る」というのも間違いです。私自身「さて、これはあっちかこっちか、どちらかを通る」などと言っているのに気がつくのですが、それは二つの振幅を加えるという意味なのです。光子はある方向に行く振幅を持つと同時に、別の方向に行く振幅も持っています。もし二つの振幅が相反する(打ち消し合う)と、たとえ穴が両方とも開いていたとしても、光は検出器に到達しないのです。

ここで、この奇妙な自然の性質が、さらに一ひねりされている例を、皆さんにお話しておきたいと思います。両方の穴が開けてある場合光子がどっちの穴を通ったかわかるように、A点とB点とに特別な検出器(光子が通ったかどうかわかるような検出器を設計する

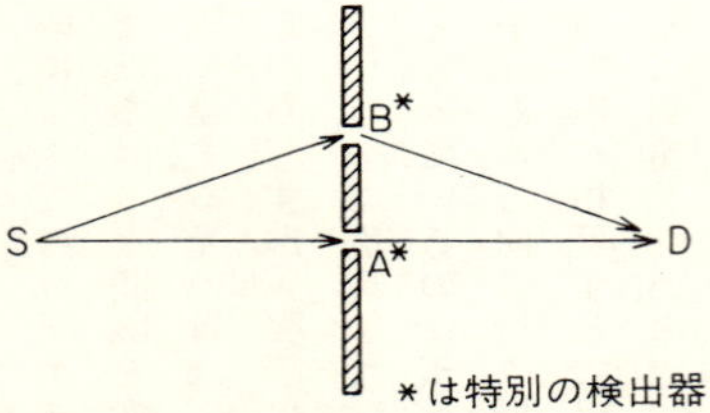

図 50　穴が二つとも開けてある場合，光がどっちの穴を通るのかを調べるため，特別の検出器をA点とB点に置いてみると，実験はぜんぜん違ってくる．(穴のところを調べているときには)光子は必ずどちらか片方の穴だけを通るので，最終的にははっきり区別できる二つの最終状態を取り得る．第1はAとDの検出器が音をたてる．第2はBとDの検出器が音をたてる．どちらかが起る確率は各々だいたい1% ぐらいである．この二つの事象の確率を普通のように足算すれば，D点の検出器が音をたてる確率は2% となる(図51(b)参照)．

ことはできます)を置いてみることにしましょう(図50)。一個の光子がSからDまで行く確率は、二つの穴の距離だけによるのですから、さては光子が二つに分かれ、穴を通ってからまた一緒になるといった内緒のからくりでもあるに違いないと、誰しも考えるでしょう。この仮定からすれば、AとBにある検出器は、必ず同時にカチンと音をたてるはずで(たぶん音の強さは半分?)、Dの検出器の方はAとBの間隔によって、ゼロから四%までの確率で音をたてることになるはずです。

　実際にはどうなるかと言いますと、検出器AとBが同時に音をたてることは絶対になく、AかBのどちらか一方が音をたてるのです。つまり光子は二つに分かれたりせず、どちらか一方を通るわけです。

しかもこのような実験方法では、D点の検出器が音をたてるのは全体の二%だけで、これはAとBの確率の単なる和(一%＋一%)にすぎません。この二%はAとBの間隔には左右されません。つまり検出器をAとBにおくと、干渉は忽然と消えてしまうのです。

どのようにして干渉を消したのか、私たちがいくらじたばたしてもわからないように、自然は巧妙な細工を施しているようです。光がどっちの穴を通ったか調べようとして両方の穴に検出器を据えてみると、たしかにそれはわかったのですが、あのすばらしい干渉の方は姿を消してしまいました。しかも光がどっちを通るか検出する装置を据えずにおくと、干渉効果はちゃんと戻ってくるのです。まったく不思議な話ではありませんか!

このパラドックスを理解するために、今もっとも大切な次の原則を思い出してください。事象の起る確率を正しく計算するには、細心の注意を払って、その事象を始めから終りまですべて正確に定義する必要があります(これを閉じた事象と呼びます)。言いかえれば、特に実験の初期状態と最終状態をはっきり定義しなくてはなりません。実験の前後で装置に起きた変化を調べるのです。AやBに検出器を置かずに、SからDへ進む光子の確率を計算する場合は、事象は単にDの検出器が音をたてることでした。Dが音をたてたということだけが状態の変化である場合、光子がどっちの穴を通ったかを知ることはできません。

だから干渉があったわけです。

ところがAとBに検出器を置くことにより、問題は変ってきました。こうなるとはっきり別の二つの閉じた事象、二つの別な最終状態があるのです。つまり第一はAとDの検出器が音をたてる、第二はBとDの検出器が音をたてる、というものです。このように一つの実験でも最終状態がいく通りかあり得る場合には、その一つ一つを別々の閉じた事象として、それぞれの確率を計算する必要があります。

AとDの検出器が音をたてるという振幅を計算するには、次のようなステップの一つ一つを表わす矢印を乗じればよろしい。まず第一は光子がSからAに達する、次にその光子はAからDに進む、そして検出器Dが音をたてる。その最終矢印の自乗が、この事象の確率ですが、それはまったく同じ三ステップを経るのだからBの穴が閉まっているときと同じ確率で一%になります。さて、もう一つの閉じた事象はBとDの検出器が音をたてることですが、この確率も前と同じような方法で計算でき、その結果も前と同じでおよそ一%です。

もし実験でAが音をたてようがBが音をたてようがかまわずに、ただDの検出器が何回音をたてるかを知りたい場合は、確率は二つの事象の確率の和で、二%となります。一般的に言って、ある実験で光子がどちらを通ったかを判断できる痕跡が一つでも残されているなら、異なる最終状態(区別できる最終状態)がいくつかあることになります。そのような場合には、最終状態一つ一つについて、振幅(矢印)ではなく、確率(数)を加えるのです[*1]。

＊1　この実験の一部始終は非常に面白い。AとBの検出器があまり良くなく、光子をときどき検出するだけという場合には、(1)AとDの検出器が音をたてる。(2)BとDの検出器が音をたてる。(3)AとBには全然変化がなく(実験前と同じ状態で)、Dの検出器だけが音をたてる、という三つの区別できる最終状態が生じる。最初の二つの場合の確率は、前記の方法で計算できる(ただし検出器が不完全なため、A(またはB)の検出器が音をたてる確率を短縮するという演算を追加する必要がある)。Dだけが音をたてる場合は、AとBのどっちを通ったのか見分けることができない。自然はここで干渉というものを持ちこんできて私たちをからかうのである。つまりこの場合の答は、AやBに検出器を置かなかったときと同様、変てこなものになる。(ただし最終矢印は、AとBの検出器が音をたてない振幅により、短縮される。) こうして出た結果は、ただ単にこの三つの確率を加えた混合状態となる(図51)。検出器の信頼度が増すにしたがい、干渉はだんだん少なくなってゆく。

私がこのようなことをわざわざ指摘したのは、自然が不可思議なふるまいをする事実を知れば知るほど、非常に簡単な現象であっても、それを説明するモデルを作るのがますます難しくなってくることがよくわかるからです。事実理論物理学は、ついにモデルを作る

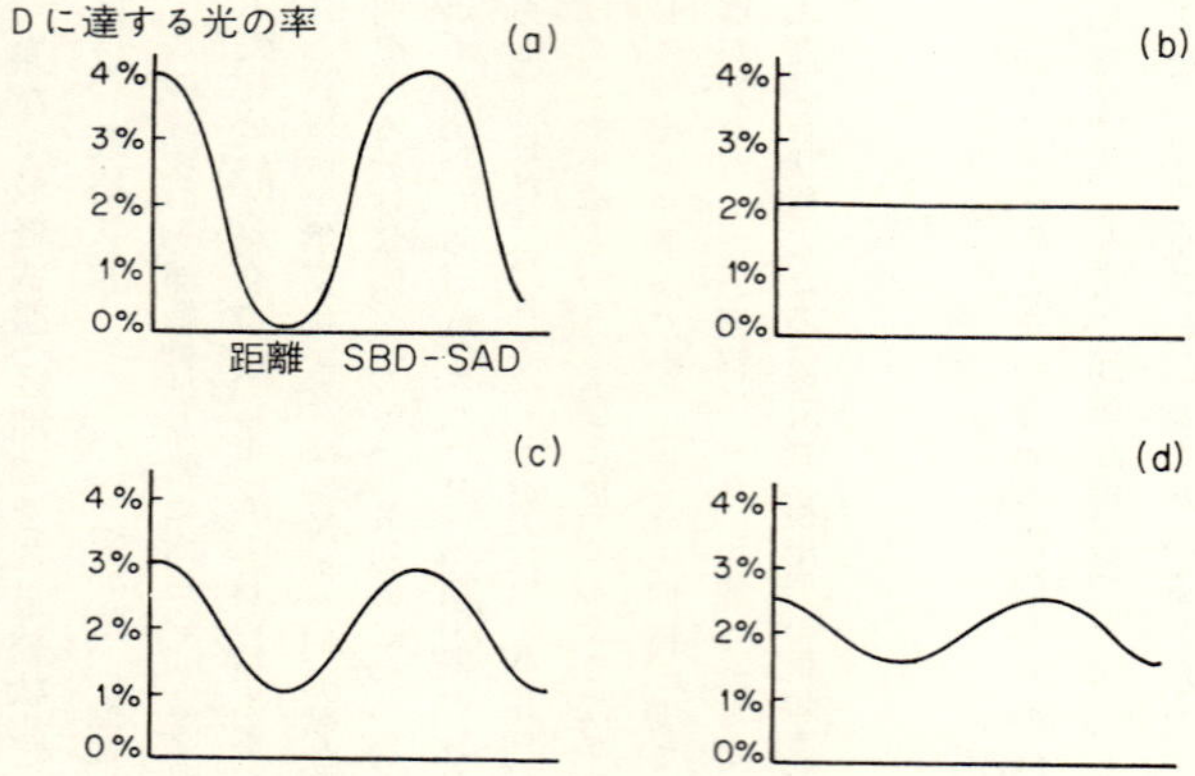

図51 AにもBにも検出器を置かずに実験すると，干渉が起り，Dに達する光の量は0%から4%の間を上下する(a). AとBに100%信頼できる検出器を据えると，干渉はまったく消え，Dに達する光の量は常に2%である(b). AとBの検出器が100%頼りにならない場合(つまりときによって検出器AもBも何も感じないような場合)には，次の三つの最終状態が考えられる．(1)検出器AとDが音をたてる．(2)BとDが音をたてる．(3)Dだけが音をたてる．したがってこれらを平均した最後の曲線(d)は，考えられる最終状態一つ一つからの寄与を合せたものとなる．AとBの検出器の信頼度が低いほど干渉も多くなる．したがって図(c)の検出器は，(d)のものより信頼度が低いことになる．干渉に関する規則は次の通りである．考えられる最終状態一つ一つについての確率を，矢印を加えて得た最終矢印を自乗することで別々に計算する．こうして得られた確率を普通の足算で加える．

のをあきらめてしまったのです。

第一回目の講演で私たちは、一つの事象はいろいろな経路(そのうちの一つが選択される)に分けて考えられ、各経路についての矢印をどのように「加え」ればよいのかを学びました。また第二回目には、その各経路はさらに一連のステップに分けて考えることができ、各ステップの矢印が単位矢印から計算で作り出せること、そして各ステップの矢印を次々に短縮・回転させることにより、「乗じる(掛算する)」方法を学んできました。これで事象の一部を表わす矢印を描き、それを全部合せて、最終矢印(その自乗が、観測された物理事象の確率を表わす矢印)を作り出すのに必要な規則には、もう慣れていただけたことと思います。

ここで誰しも、ある事象をどこまで簡単な部分事象に分けてゆくことができるのか、気になるところです。事象を分けていって行きつく最小の単位はいったい何でしょうか？ それをつなぎ合せると、光と電子に関する現象をすべて形成できるような、限られた数の「かけら」や「きれはし」というものがいったいあるものでしょうか？ 言いかえればこの量子電磁力学という言語の中に、ある数の文字があって、それを綴り合せさえすれば、自然現象のほとんどすべてを説明し得る「単語」や「語句」を作ることができる……そんな「文字」があるのでしょうか？

答は「イエス」です。そしてその「文字」の数は三なのです。つまりたった三つの基本作用(英語では演技という意味もある—訳注)によって、光と電子に関する現象が全部作り出せるのです。

この三つの基本作用(演技)が何であるかをお話する前に、まず演技をする役者をちゃんと紹介しておく必要があるでしょう。その役者は光子と電子です。光の粒子である光子については、今まで二回の講演で詳しく説明しましたから、今日は電子についてお話しましょう。電子は、一八九五年に粒子として発見されました。電子はその数を数えることができます。また一滴の油の上に電子を一個つけて、その電荷を測ることもできるのです。その後電子の移動が、電線の中の電流であるということもだんだんわかってきました。

電子が発見された直後の時代には、原子はちょうど太陽系のようなもので、中心に重い部分(原子核と呼ばれる)があり、その周りを電子が、太陽の周りを回る惑星と同じように、「軌道」を描いてぐるぐる回っているものだと考えられていました。もし原子とはそのようなものだと思っている人があるとすれば、それは一九一〇年頃の古い考え方です。一九二四年にルイ・ド・ブローイという人が、電子に関して波のような属性を発見しました。そしてまもなく、ベル研究所のC・J・デイヴィソンとL・H・ジャーマーらが、ニッケルの結晶に電子をぶっつける実験の結果から、電子も(X線と同様に)めちゃくちゃな角度にはね返るものであり、その角度はド・ブローイの電子の波長の公式で計算できることを示したのです。

光子を大きな規模（ストップ・ウォッチの針が一周する距離などよりはるかに大きい規模）で考えるとき、私たちが眼にする現象は、「光は直進する」などの法則で、充分近似的に表わすことができます。なぜなら、規模が大きければ、光子の最短時間の経路の周りには、互いに助け合う（矢印が同じ向きにそろう）経路がたくさんでき、相殺し合う経路も充分存在するからです。しかし光子の進む空間が（スクリーン上の小さな穴のように）狭くなりすぎると、そのような法則は崩れます。光は直線上を進む必要もなくなり、二個の穴による干渉という現象などが現れてくるのです。電子にもこれと同じことが言えます。大きな規模の中では電子も粒子のように行動し、はっきり定まった経路を進むのですが、原子の中のような小さい規模になると、空間が狭すぎるため、よく通る経路とか「軌道」とかいったものはなくなり、電子はいろいろな振幅でいろいろな方向に動くようになるのです。こうなると干渉という現象は、非常に重要になってきます。電子の位置を予測するためには、さまざまな経路についての矢印を加える必要が出てくるのです。

電子が最初粒子のように見え、後になってからその「波動的」な性質が発見されたということは、なかなか面白いことです。これと反対に光子の方は、ニュートンが誤って「粒子的」だと思いこんだのは別とすると、はじめは波のように見え、後から粒子であるということが発見されました。実は光子も電子も波のようにも粒子のようにもふるまうのです。

ここで「波粒子」などという新しい名前を作ったりせず、このようなものを「粒子」と呼ぶことにしたわけですが、どちらも今まで説明してきた、矢印を描いてこれを一つにまとめるという法則にしたがうことはご承知の通りです。クォークやグルオン、ニュートリノなど(これについては次回お話しますが)、自然界に存在するありとあらゆる粒子は、一つ残らずこの量子力学的行動をとるもののようです。

さてそれでは、光と電子に関するすべての現象のもととなる三つの基本作用をここに披露することにしましょう。

作用1　光子がある場所から他の場所へと移動する。

作用2　電子がある場所から他の場所へと移動する。

作用3　電子が光子を吸収あるいは放出する。

この作用にはそれぞれ振幅(矢印)があり、その振幅は一定の規則にしたがって計算することができます。この規則(あるいは法則)が何であるかはまもなくお話しますが、とにかく全世界はこの法則の上に成り立っているのです。(むろん例のごとく、原子核に働く力と重力は別ですが。)

さてこの「作用(演技)」の舞台ですが、それは空間だけではなく、空間と時間との中にあるのです。今まで私は、いつ光子が光源を出発するのかとか、いつ検出器に達するのかというような、時間に関する問題は全部お預けにしてきました。空間というのはほんとうは三次元的なものですが、図表上ではこれを一次元(直線)に略し、ある物の空間の中での位置は水平軸、時間を垂直軸で表わすことにします。

さて時間と空間、あるいはあまり感心しない呼び方ですが「時空」の中にまず図示する事象は、静止した野球のボールです(図52)。木曜日の朝(これをT_0とする)このボールはある空間X_0を占めています。すこし後、時間がT_1になっても、静止しているのだからやはり同じ位置にあります。T_2時にもやはりX_0の位置を動きません。このように静止している野球のボールを図に表わすなら、ボールがその内部を占めているような垂直の帯となります。

もしボールが宇宙の無重力状態の中で漂いながら壁に向って動いているとしたらどうでしょう? 木曜日の朝(T_0)、ボールはX_0から出発し(図53)、そのちょっと後には位置が変ってX_1まで漂ってきています。このようにボールが漂い続けると、時空の図上では斜めの「ボールの帯」ができます。ボールが壁(静止しているので垂直の帯である)にぶつかると、経路は空間中の出発点X_0へと戻ってゆきますが、時間はその間にT_6へと移っていきます。

時間の規模は便宜上、秒よりずっと小さい単位とした方がよいのです。ここでは非常に

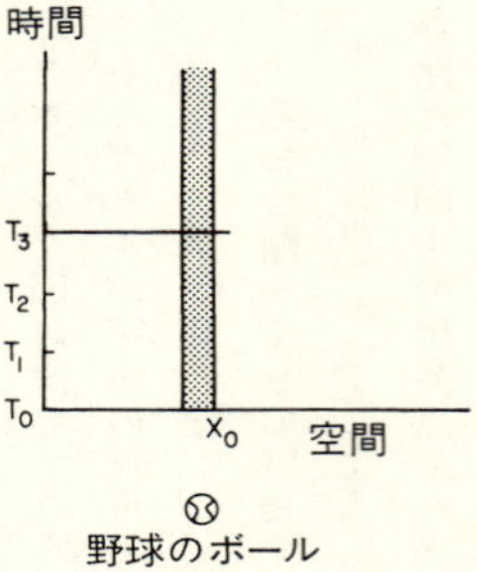

図 52　この宇宙で演じられるすべての「演技」の舞台は「時空」である．この時空は普通 4 次元(空間は 3 次元，これに時間の次元が加わる)であるが，これを 2 次元(空間は水平の次元，時間は垂直の次元)として表わしたのがこの図である．この野球のボールは，いつ見ても(たとえば T_3 という時間でも)同じ位置にある．このような静止状態のボールを図に表わすと，時間がたつにしたがってまっすぐ上にのびる「野球ボールの帯」となる．

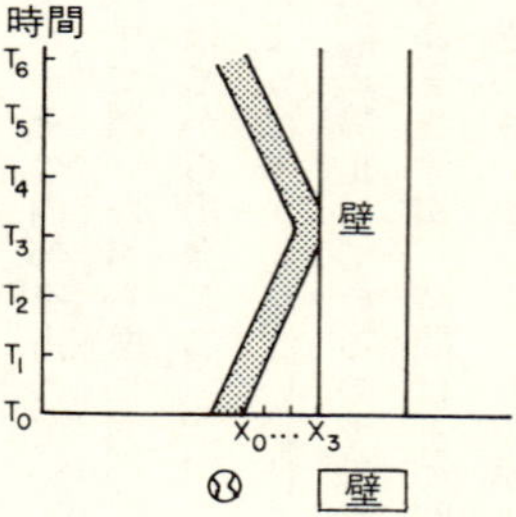

図 53　野球ボールがふらふらと垂直の壁に向い，壁にぶつかった後もとの場所に戻る様子は(グラフの下に示す)1 次元の動きであり，斜めにのびる「ボールの帯」として表わされる．時間 T_1，T_2 ではボールは壁に近づいてゆき，T_3 で壁にぶつかり，またもとの位置に戻っていく．

速く動く光子と電子を相手にしているわけですから、光の速度で動くものを四五度の角度で表わすことにします。たとえば X_1・T_1 から X_2・T_2 まで光の速度で動いてゆく粒子があるとしますと、X_1 と X_2 の水平軸上の距離は、T_1 から T_2 までの垂直軸上の距離と等しいわけです(図54)。時間軸をこのように拡大した(つまり光の速度で動く粒子の角度が四五度になるように調節した)掛算の因子は、

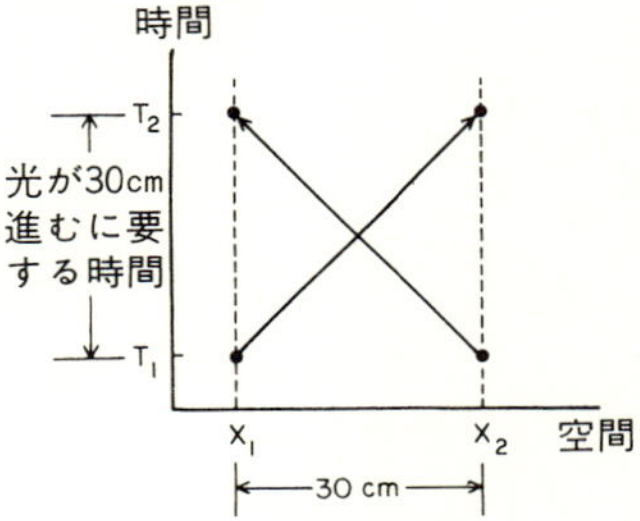

図 54　このグラフでは，光の速度で動く粒子が時空の中で 45 度の角度で表わされるように，時間の目盛を工夫してある．光が 30 cm，つまり X_1 から X_2，あるいは X_2 から X_1 まで進むに要する時間は，およそ 10 億分の 1 秒である．

c と呼ばれています。アインシュタインの公式にはこの c が所狭しとばかり出てきますが、これは光が一メートル進むに要する時間を時間の単位とせず、秒を時間の単位にしたというまずい選択の結果なのです。

さてここで、まず第一の作用を念入りに調べてみることにしましょう。光子はある場所から他の場所へと移動します。この動きをAとBを結ぶぐにゃぐにゃした波線で表わすことにします(特にぐにゃぐにゃさせる理由はありませんが)。いや、もっと慎重な言い方をした方がよさそうです。ある時刻にある場所に存在するとわかっている光子は、他の時刻に他の場所へ移動しているという、ある大きさの振幅をもっていると言うべきです。この時空の図上(図55)では、「A点すなわち $X_1 \cdot T_1$ にある光子は、B点すなわち $X_2 \cdot T_2$ に現れる振幅を持つ」というふうに言い表わすことができます。この振幅の大きさを仮に P(AからBへ)と呼ぶことにします。

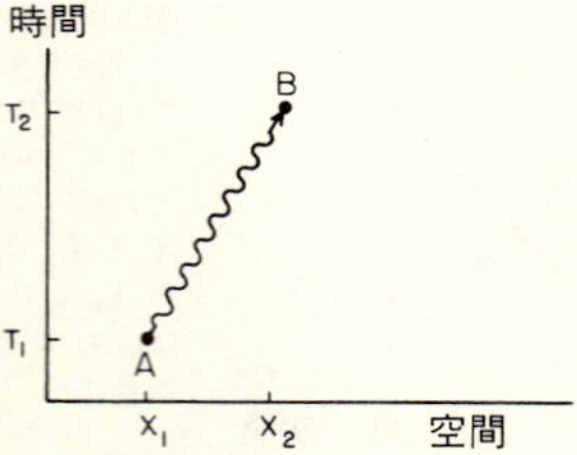

図 55　1 個の光子(波線で表す)は，時空の中で A 点から B 点へと進むある振幅をもつ．この振幅をここで P(A から B へ)と名付けると，P は時間の差(T_2-T_1)と場所の差(X_2-X_1)にのみ依存する式を使って計算できる．事実それは二つの差の自乗の差，すなわち $(X_2-X_1)^2-(T_2-T_1)^2$ で表わされる，I，または「4 次元の距離」と呼ばれるものの逆数といった簡単な関数となる．

この振幅、P(AからB へ)の矢印の大きさを求める公式もあります。これは自然の偉大な法則の一つで、実に簡単なものです。Pは二点間の時間の差と、距離の差によります。これらはまとめて距離と呼ばれ、数学的に(X_2-X_1)および(T_2-T_1)という形で表わすことができます。[*2]

＊2　この講演シリーズでは、ある点の位置はX軸にそって一次元的に表わすことにする。三次元空間内の点を位置づけるには、「部屋」を一つ設け、その点の床からの距離と、直角に接している二つの壁からの距離を(床も壁もすべて直角に交わっているものとする)測る必要がある。この三つの測定値をX_1、Y_1、Z_1とすると、この位置からX_2、Y_2、Z_2を測定値とする点への距離は「三次元のピタゴラスの定理」を使って計算することができる。すなわち距

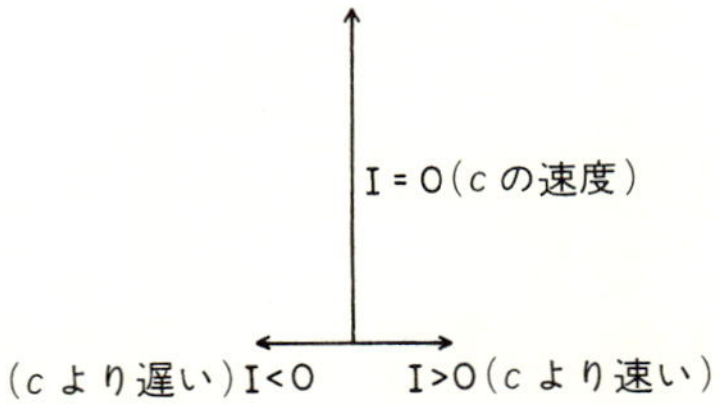

図 56　光が光速 c で進むときには，「4 次元の距離(I)」は 0 で，12 時の方向に大きく寄与するが，I が正の場合には，3 時の方向に I に逆比例して小さく寄与する．I が負の場合には，9 時の方向に寄与する．したがって光には光速 c より速く，または遅く進む振幅があるわけだが，距離が長い場合には，二つは相殺して無くなってしまう．

離の自乗は$(X_2-X_1)^2+(Y_2-Y_1)^2+(Z_2-Z_1)^2$で、それから時間差の自乗を引いた残り、$(X_2-X_1)^2+(Y_2-Y_1)^2+(Z_2-Z_1)^2-(T_2-T_1)^2$を「四次元の距離(または$I$)」と呼ぶことにする。この$I$こそアインシュタインの相対論が$P$(AからBへ)は時間や空間に勝手に依存するのでなく、この組合せ(I)にだけ依存すると教えてくれるものである。P(AからBへ)の最終矢印の長さに主に寄与するのは、誰でもが当然と思う場合、つまり距離の差と時間の差の等しい場合(Iがゼロ)である。しかしこれ以外に、Iがゼロでない場合にも、Iに逆比例するような寄与がある。Iがゼロより大きいとき(つまり光がcよりも速く進んでいるとき)は、矢印は三時の方を指し、Iがゼロより小さい(負の値)ときは九時の方を指す。このような「寄与」は相殺し合う場合が多い(図56参照)。

P(AからBへ)の大きさにもっとも多く「貢献」するのは通常の光速にあたるところ、つまり(X_2—X_1)と(T_2—T_1)とが等しいところです。常識からすればこれが当然と思うでしょうが、光が通常の光速より速く進む場合や、遅く進む場合の振幅もちゃんと存在するのです。前回の講演では、光が直線だけを進むのではないということを学びましたが、さらに今度は、光が必ずしも光速だけで進むのではないということを発見したわけです。

そもそも光子に光速cよりも速く進んだり、遅く進んだりする振幅があるなどということを聞いて、びっくりした人もあると思いますが、その振幅は速度cに比べると非常に小さいのです。事実、光が長距離を進む場合には、相殺し合って無くなってしまいます。しかしながら、ここで描く図のように、距離の短い場合には、速度がc以外になる可能性がとりわけ重要になり、これを考えに入れないわけにはいきません。

今述べたのが、光子がある点から他の点へと進むという第一の作用で、これが物理学の最初の基本法則です。この法則こそ光学すべてを説明する法則であり、これこそ光の理論のすべてなのです！　とは言いましたが、(いつものように)偏光と、光と物質の相互作用には目をつぶってきました。そこで必要になるのが第二の法則です。

量子電磁力学の基本作用の第二は、電子は時空の中をA点からB点まで移動することです。(ここでは物理学者が「スピン・ゼロ」の電子と呼んでいる、偏極なしの単純化した仮空の電子とします。実際には電子にはある種の偏極があるのですが、これは私たちの主題とは関係がなく、式を複雑にするだけです。）さて、この作用の振幅を表わす式をE(AからBへ)と呼ぶことにしますが、これもまた(X_2-X_1)と(T_2-T_1)（124ページの注で説明した通りの項の組合せ）、および私が「n」と呼ぶある数に依存します。このnという数は、いったん定まれば、これによって私たちの計算が全部、実験の結果とぴったり一致するようになるという定数です。（このnの値をどのようにして定めるかは、あとでわかります。）この公式はいささか複雑なもので、残念ながらこれを簡単に説明することはできませんが、これについて、きっと皆さんが面白いと思われるようなことが一つあります。それはnをゼロとすると、時空のある場所から別な場所へと動く光子を表わすP(AからBへ)の式と、E(AからBへ)(つまり電子がある場所から別な場所に動く)の式とが、まったく同じになるということです。*3

＊3　E(AからBへ)に関する公式は複雑だが、いったい何を表わすのかを説明する面白い方法がある。E(AからBへ)は時空中でAからBへ進む電子が通り得る多数の経路をすべて合せた莫大な和になる(図57)。電子がいわば「一足跳び」にAからBに行くことも考えられるし、中間のC点に止まって「二段跳び」に行くこともあり、DとE点に止まって「三段跳び」をやることもあり得る……という調子で、無数に考えられる。このような分析をするにあたり、電子の「跳び」――たと

えばF点からG点へ――の振幅は、P(FからGへ)で、光子がF点からG点へ行く場合の振幅と同じである。一回の「止まり」の振幅はn^2で表わされるが、このnは前述の計算と実験を一致させるために使う数である。

したがってE(AからBへ)の式は、一連の項から成る。つまり

P(AからBへ)　〔一足跳びの場合〕

$+P$(AからCへ)$\times n^2 \times P$(CからBへ)　〔C点で止まってBへ進む二段跳びの場合〕

$+P$(AからDへ)$\times n^2 \times P$(DからEへ)$\times n^2 \times P$(EからBへ)　〔DとEで止まって進む三段跳びの場合〕

$+$……

という具合に電子が途中で止まり得る点、C、D、Eなどをすべて組み合せる必要がある。

nが増えるにしたがい、直接(一足跳び)でない経路の振幅が最終矢印に大きく寄与しはじめる点に注意されたい。ところがnがゼロになると(光子の場合のように)、nのついた項は全部(それぞれがゼロになるため)消えてなくなり、最初の項P(AからBへ)だけが残る。このようにE(AからBへ)とP(AからBへ)は非常に密接な関係がある。

基本作用の第三は、電子は光子を吸収または放出するというもので、この場合放出でも吸収でもどちらでもかまいません。この作用を私は今、「分岐」または「結合」と呼ぶこ

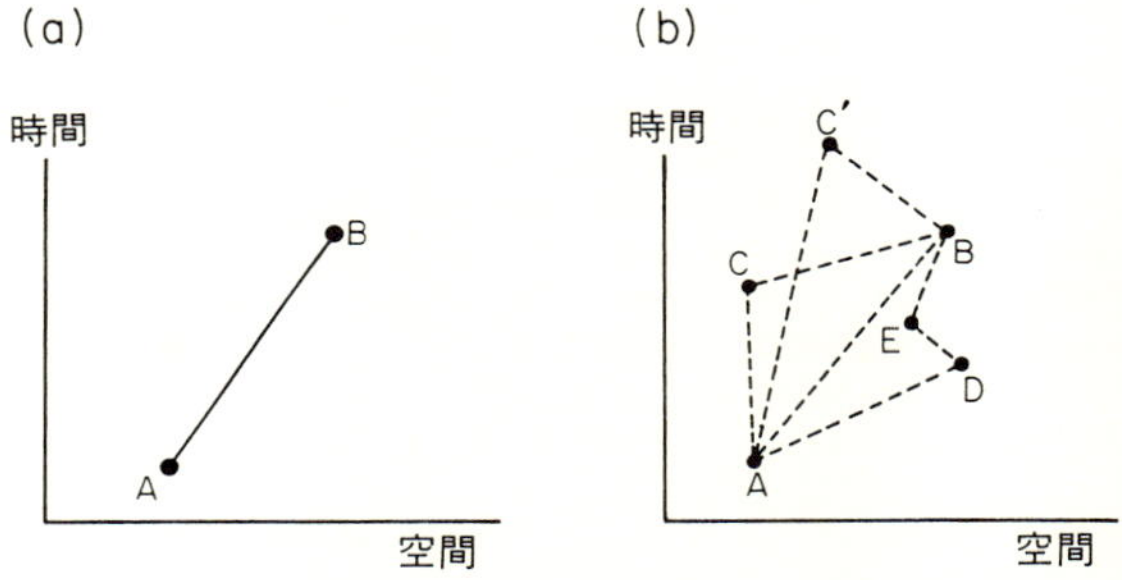

図 57　電子は時空の中をある点から他の点へ行く振幅をもつが，これを今「E(AからBへ)」と呼ぶことにする．E(AからBへ)を2点を結ぶ直線で表わすが(a)，これは多くの経路の振幅を加えたものと考えることもできる(b)．その振幅の中には，電子がAからBへ直接とんでいく経路以外に，CまたはC′で方向を変えてBに行く，といった「2段跳び」や，DとEで方向を変える「3段跳び」などもある．電子が方向転換できる回数は，0から無限大まであるし，AからBへ行く間で方向転換できる点も無限にある．これら全部がE(AからBへ)に含まれているわけである．

とにします。図の上で光子(波線)と電子を区別するため、時空を動く電子を直線で表わしますと、一つの結合は二本の直線と一本の波線が一点で交わることになります(図58)。電子が光子を吸収したり放出したりするこの作用についての振幅には、複雑な公式など一切ありません。この振幅とは、何にも依存しない定数なのです! この分岐または結合の定数をjと呼ぶことにしますが、その値はだいたいマイナス〇・一で、一〇分の一の短縮と半回転にあたります。[*4]

＊4　光子を吸収または放出する振幅を表わすこの数は、粒子の

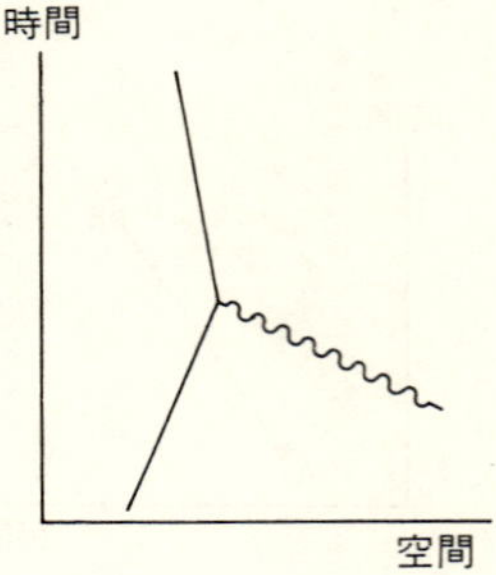

図 58　直線で表わされている電子は，波線で表わす光子を，吸収または放出する一定の振幅をもつ．吸収の振幅も放出の振幅も同じなので，どちらの場合も「結合」と呼ぶことにするが，一つの「結合」の振幅は j と呼ばれる数となる．電子の j は約 −0.1 である．（この数はときに「電荷」と呼ばれることがある．）

「電荷」と呼ばれることもある。

基本作用はこれで全部ですが、今までずっと無視してきた偏光や偏極によって少し複雑になる点は除外しています。さて次の課題として、この三つの運動を組み合せてもう少し複雑な状況を考えてみることにしましょう。

まず最初の例として、1および2という時空の点にある二個の電子が、3と4に達する確率を計算してみることにします(図59)。この事象については、いくつかの経路を考えることができます。まず第一に点1にある電子が3に行き、2にある電子が4に行くという動きが考えられますが、前者は E(AからBへ)の公式に1と3とを当てはめて E(1から3へ)とし、後者は E(2から4へ)として計算します。この二つの「部分事象」は連係して起るものですから、二本の矢印を乗ずることで第一番目の経路を表わす矢印ができあがります。この「第一経

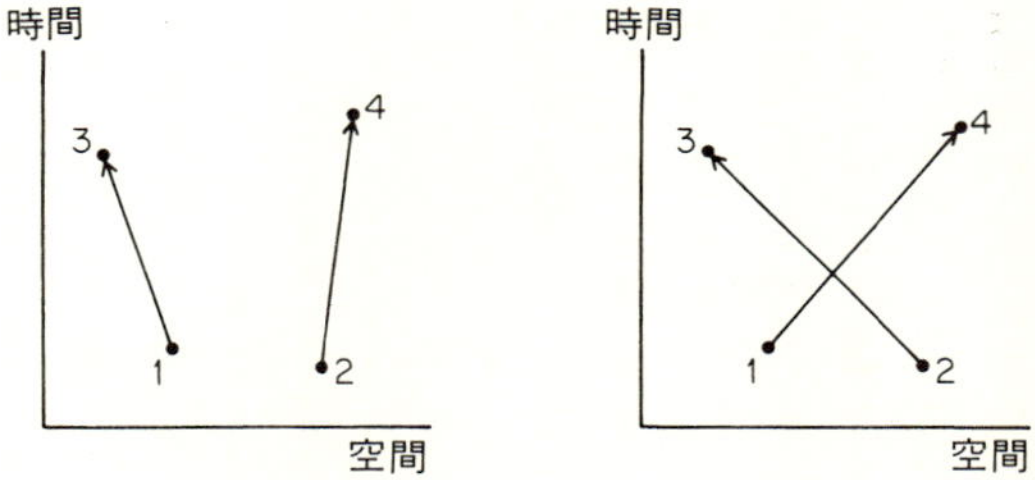

図 59 時空中の点 1 と点 2 にある電子が，3 と 4 に達するという事象の確率を計算するには，まず 1 から 3 および 2 から 4 に対応する「第 1 経路」の矢印を E(A から B へ)の公式で計算し，次に 1 から 4 および 2 から 3 と交差した「第 2 経路」の矢印を計算した後，二つの経路の矢印を加えれば，最終矢印の正確な近似が得られる．(これはもちろん単純化した「スピン・ゼロ」の架空の電子について言えることで，実際の電子がもつ偏極を考えに入れると，この二つの矢印は，足算でなく引算をせねばならないことになる．)

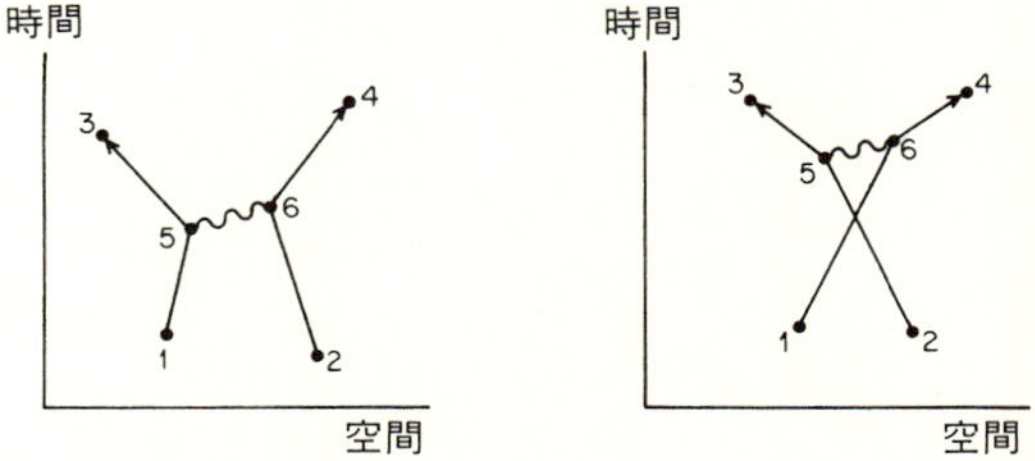

図 60 図 59 に示した事象は「他の経路」でも起り得る．次のような経路がその例である．どちらの場合でも，最終状態は同じで，すべて 2 個の電子で始まり 2 個の電子で終る．つまりこれらは実験的に区別することができない．したがってこの事象の最終矢印をもっと正確に求めるには，このような「他の経路」を表わす矢印を図 59 の矢印に加える必要がある．

路」の矢印は、E(1から3へ)×E(2から4へ)という式で表わします。

この事象の起る他の経路は、1にある電子が4に行き、2の電子が3に行くというものです。これにもやはり二つの部分事象が連係しています。この「第二経路」の矢印は、E(1から4へ)×E(2から3へ)となり、これをさっきの「第一経路」の矢印に加えます。[*5]

＊5　電子の偏極も含めて考えるとすると、この「第二経路」の矢印については一八〇度回転させてから加える、つまり「引算」することになる。(これについては少し後でもっと詳しく説明しよう。)

この事象に関してはこれだけでもかなり正確な近似になりますが、もっと実験の結果に近い、より正確な計算をと思うなら、この事象の起り得るほかの経路も考える必要があります。さっきあげた二つの主要経路の各々についても、一方の電子がどこか新しいすてきな点に飛んでゆき、そこで光子を放出する可能性があったのです(図60)。その間もう一方の電子はこれまた別なところに行って、放出された光子を吸収することだってあり得ます。このような新しい経路のうち最初の方の振幅を計算するには、一つの電子が1から別のすばらしいところ5に飛んでゆき(そこで光子を一個放出する)、その後5から3へ行く場合の振幅と、もう一つの電子が2からまた違ったところ6に行き(そこで光子を吸収し)、その後4に至る場合についての振幅を掛け合せるわけですが、この中にはもちろん光子が5から6に進む振幅も、忘れずに入れなくてはなりません。この事象がこのような経路で起る振幅を、高級な数式で表わしてみますが、皆さんにはすぐおわかりのことでしょう。

E(1から5へ)×j×E(5から3へ)×

E(2から6へ)×j×E(6から4へ)×

P(5から6へ)

これにはかなりたくさんの短縮と回転があります。(1にある電子が4に達し、2の電子が3に達するという、図60右の場合、式をどう書けばよいかは、皆さんに考えていただくことにしましょう。[*6])

＊6　このような複雑な経路を経た場合の最終状態も、1と2から出発した電子が3と4に達するという点では、単純な経路の場合とまったく同じになるため、前に考えた二つの経路とは区別できない。したがってこの二つの経路の矢印も、前の経路の二つの矢印に加える必要がある。

だが、ちょっと待ってください。5と6という点は、時間と空間のどこだってよかったのです。そうなると、可能な点すべてについての矢印をことごとく計算し、加えなくてはなりません。どうもこれはたいへんな仕事になってきました。規則そのものはむずかしくはなく、はさみ将棋のように簡単なのですが、ただそれを無限に繰り返して使わなくてはならないのです。つまり計算が困難なのは、莫大な数の矢印を扱わなくてはならないためです。これを能率的にやる方法を学ぶには、大学院で四年もの年月を費やさなくてはなりません。しかもこれはごくやさしい問題についての話です！（問題があんまりむずかしくなってくれば、コンピュータにぶちこんでしまいますが。）

ここで一つ光子が吸収されたり放出されたりすることについて、指摘しておきたいことがあります。もし点6が点5よりも時間的にあとにあるとすれば、光子が点5で放出され、点6で吸収されたのだと言うことができます(図61)。もし点6が点5より前にあるとすると、光子は6で放出され、5で吸収されたと言う方がすっきりするかもしれませんが、同様に光子は時間を後ろ向きに進んだと言うこともできるのです。しかし私たちは、光子が時間を前向きに進んでいるのか、後ろ向きに進んでいるのか、頭を悩ませる必要はありません。なぜならそれは全部P(5から6へ)の式の中に含まれているからで、私たちはただ単に光子が「交換された」[*7]と言えばよいのです。自然というものは何と単純で美しいものではありませんか！

＊7　このように途中で交換されるため、実験の初めにも終りにも現れない光子は、ときに「仮想光子」と呼ばれることがある。

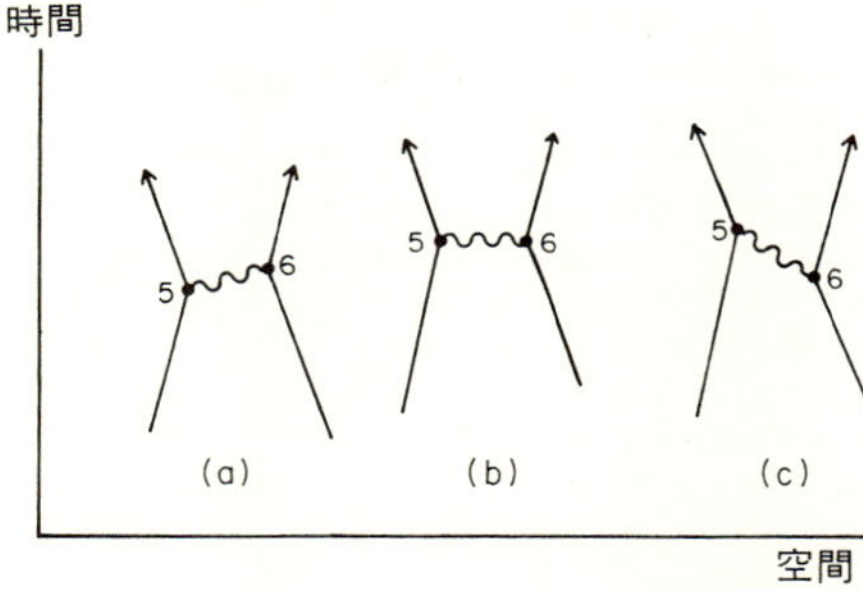

図 61　光はいわゆる光速よりも速く進んだり，遅く進んだりする振幅をもっているので，上図にあげた三つのどの例についても，光子は点 5 で放出され，点 6 で吸収されたと考えることができる．これは(b)例のように放出されると**同時刻**に吸収される光子にも，(c)例のように吸収されるより**後の時刻**に放出される光子にも言える．後者のように吸収と放出が時間的に逆転している場合，普通なら 6 で放出され，5 で吸収されたのだと言うだろう．そうでなければ光子が**時間を後戻りした**のだ，と考えるほかにない！　しかしこと計算(と自然と)に関する限り，どっちが時間的に先でもすべて同じ(でしかも実際に起り得る)ことなのである．そこで私たちはこれを単に，光子が「交換された」，と言い，時空の点 A, B を P(A から B へ)の式の中にあてはめるだけでよい．

さて点5と6で交換される光子のほかに、たとえば二つの点7と8の間で交換される光子も考えられます(図62)。基本作用をいちいち書きだして、矢印を掛け合せるのはもうめんどうくさくなってしまいましたが、今までの式から、直線にはそれぞれ皆E(AからBへ)、波線にはP(AからBへ)、結合の一つ一つにはjがあるのに気づいた人もあるでしょう。したがって可能な点5、6、7、8の組合せ

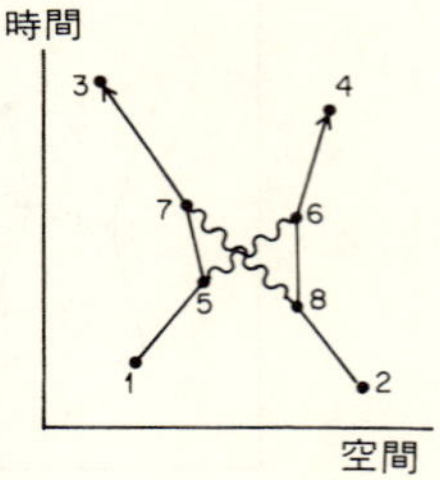

図 62 図 59 に示した事象の起り得る経路は，まだほかにもある．たとえば **2** 個の光子が交換されることも考えられる．このような経路の図はたくさん考えられるが(その詳細はあとでわかる)，ここではその一例を示す．この経路の矢印には，可能なすべての中間点(5, 6, 7, 8)がかかわってくるため，計算はたいへんむずかしくなる．j は 0.1 より小さいので，この矢印の長さは(4 個の結合が含まれているため)図 59 の j を含まない「第 1」「第 2」の経路に比べると，1 万分の 1 よりまだ小さいことになる．

ごとに E(AからBへ)が六つ、P(AからBへ)が二つ、j が四個ずつあることになります。そうなると数億もの小さな矢印を全部掛け合せたあと加えなくてはならないわけです！

こうしてみると、このように簡単な事象の振幅すら、計算するのはほとんど絶望的に見えます。しかし大学院生ともなれば学位をとらなくてはならないのですから、そう簡単にあきらめるわけにはいきません。

しかし成功の望みがないわけではありません。その一縷の望みは例の不思議な数、j の中にあるのです。この事象の最初の二つの起り方の計算には、j が全然ありませんでした。その次の経路には $j\times j$ が入っており、最後に考えた経路の計算には $j\times j\times j\times j$ と、j が四個含まれていました。$j\times j$ は○・○一より小さいのですから、この経路についての矢印の長さは一般的にいって最初の二つの経路の矢印の一%より小さく、$j\times j\times j$

×jが含まれている矢印にいたっては、jが入っていない矢印に比べ一%の一%よりも小さい、つまり一万分の一以下ということになります。もし皆さんがコンピュータを充分長時間働かせることができれば、j^6（一〇〇万分の一）を含む確率を計算し、実験の精度にせまることもできます。簡単な事象の計算といったのはこういうものです。別に種もしかけもない、ただこれだけのことなのです。

今度は別な事象を考えることにしましょう。光子一個と電子一個で始まり、光子一個、電子一個で終る事象があるとします。このような事象が起きる一つの道筋（経路）は、一個の光子が電子に吸収され、その電子がしばらく進んだあと、新たに光子が一個放出されるというものです。この過程は「光の散乱」と呼ばれていますが、これを図で表わして、散乱する確率を計算するとなると、奇妙な可能性を考えに入れる必要が出てきます（図63）。たとえば電子は光子を吸収する前に、別な光子を放出することもできます（図63(b)）。それよりもっと奇妙な可能性は(c)で、電子は光子を放出したあと時間を逆に進み、光子を吸収し、再び時間を前進することが可能なのです。このように時間を「逆に進む」電子は、長い距離を進むので、研究室内の実験でも、現実に見ることができます。その動きはこの図の中にも、E（AからBへ）の式の中にも含まれています。

逆に進むこの電子は、時間が前に進むこの世界で見ると、普通の電子に引き寄せられる

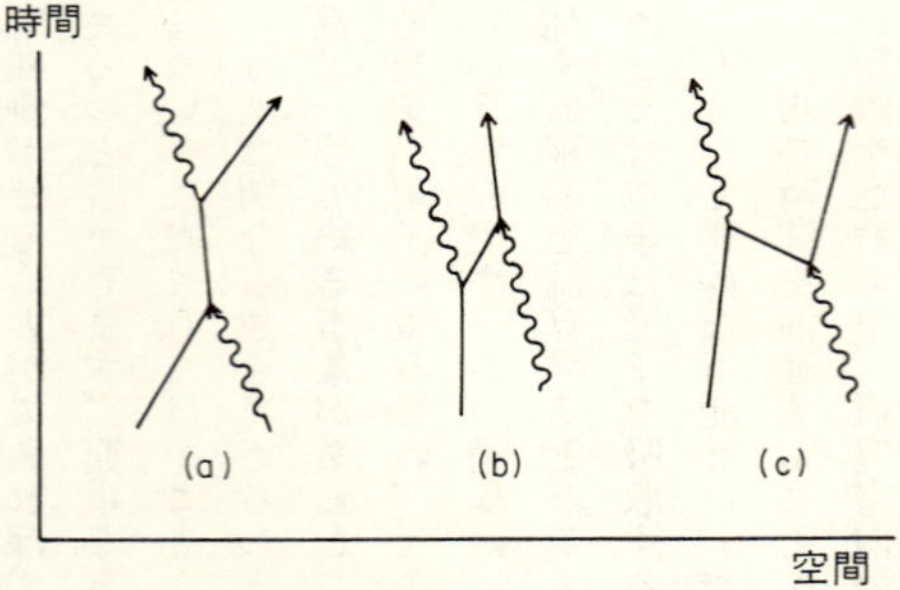

図 63　光の散乱とは，光子が電子に吸収され，別な光子が出てくるということであるが，(b)例のように，その順序は逆転してもよい．(c)は電子が光子を放出してから時間を後戻りし，やってきた光子を吸収し，再び時間を前進する……という，奇妙だが実際にある例である．

という点以外は、通常の電子とぜんぜん変りないように見えます。私たちはこの（逆に進む）電子が「正の電荷を持つ」と言っています。（もし私がここで偏極の効果を考えに入れていたとすれば、なぜ逆に進む電子に対して j の符号が逆になり、正の電荷に見せているのかが一目瞭然になったはずです。）したがってこのような電子は陽電子（ポジトロン）と呼ばれますが、これは通常の電子の妹分で、「反粒子」の例の一つです。[*8]

＊8　ディラックが一九三一年に「反電子」の実在を提唱したのを皮切りに、次の年にはカール・アンダーソンがこれを実験で発見し、「陽電子（ポジトロン）」という名をつけた。現在では陽電子は簡単に作ることができ（た

とえば二個の光子を衝突させて)、磁場の中に何週間も保持できる。

この現象はごく一般的なもので、自然の中の粒子はどれも必ず時間を逆に進む振幅を持ち、したがってそれぞれ反粒子を持っているのです。粒子と反粒子は衝突すると互いを消滅し合い、別な粒子を作ります。(陽電子と電子が消滅し合うと、普通光子が一個か二個生れます。)だが光子の場合はどうでしょうか？　光子は時間を逆に進むときも(前に見てきたように)前進するときとまったく変りないので、自分の反粒子でもあるわけです。(ごらんの通り物理学者というものは法則に例外を作るのがうまいでしょう！)

時間を前向きに進む私たちにとって、時間を逆に進む電子がどう見えるか、図にしておにかけましょう。見やすくするため何本かの平行線を使って、T_0からT_{10}までの時間のブロックに分けることにします(図64)。そしてT_0で電子一個と向い合って進む光子一個からはじめましょう。T_3で光子が突然陽電子と電子の二つの粒子に分かれてしまいました。陽電子はあまり長いこと経たないうちにT_5でもとの電子にぶつかり、互いを消滅し合って新しい光子を一個生みだします。一方最初の光子が作り出した電子の方は、そのまま時空を進んでいく、というのがこの図の筋書きです。

次にお話したいのは、原子の中の電子のことです。その原子の中でのふるまいをわかり

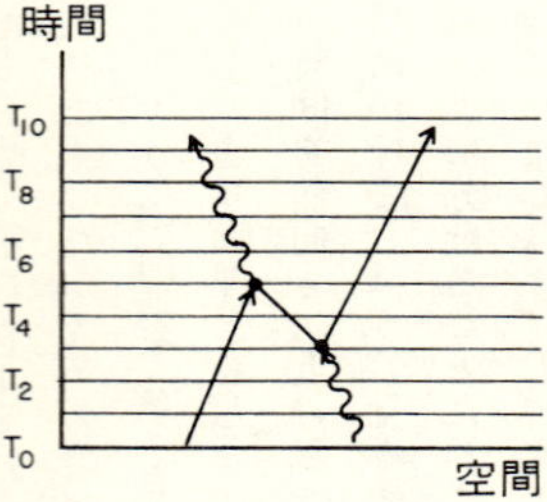

図 64　図 63 の (c) 例を時間を前向きのみにたどって考えると(実験室ではこれ以外不可能なので)，T_0 から T_3 までの間，光子と電子は互いに向い合って進んでいるが T_3 で突然光子が「崩壊」して **2 個**の粒子(一つは電子，いま一つは「陽電子」と呼ばれる新種の粒子)が現われる．陽電子とは時間を逆進する電子のことで，これがあきれたことにもとの電子(それ自身)の方に進んでいく！　そして初めにあった電子とこの陽電子とは T_5 で消滅しあい，新しい光子を作る．一方初めにあった光子で作られた電子は，時空の中を前進し続ける．このような一連の事象は，実際に実験室で観察されており，何の修正もなく自動的に E(A から B へ)の公式に含まれている．

やすくするため、これにはもう一つの要素を加えて考える必要があります。それは原子核と呼ばれる原子の中心の重い部分で、少なくとも陽子を一個含んでいます。（陽子はまるでパンドラの小箱のようなものですが、これは次回に開けることにしましょう。）原子核のふるまいはたいへん複雑なので、この講演ではそのふるまいを決める正確な法則をお話することはしません。ただ原子核が静かにしている今の場合そのふるまいは、近似的には、時空のある場所から別の場所へと進む振幅が E(A から B へ)の式に従う粒子とほぼ同じといえるのです。ただ原子核の場

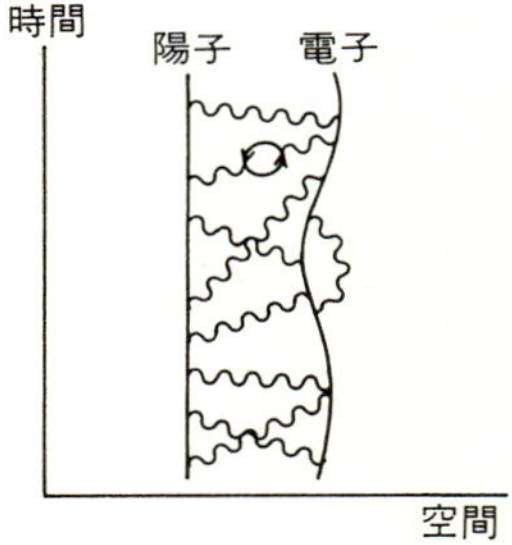

図 65　電子は陽子(第4章でのぞくパンドラの小箱)との間で光子を交換することによって，原子核の周りの一定距離内に引きつけられている．ここでは陽子は近似的には静止していると考えてよい．この図に示したのは陽子1個と電子1個が光子を交換し合って成り立っている水素原子である．

合は、この式の中の n がずっと大きい数になります。原子核は電子に比べるとずっと重いので、ここでは時間が進んでも本質的には同じ位置にいるものとして近似的に扱うことができます。

もっとも簡単な原子は水素原子と呼ばれ、陽子と電子一個ずつから成っていますが、陽子は自分の周りを踊り回っている電子を、光子を交換することによってそばに引きつけているのです[*9](図65参照)。一個以上の陽子と、同数の電子を含む原子は、光を散乱させもするのですが(空が青く見えるのは、空中の原子が太陽の光を散乱させた結果です)、そのような原子の図を描こうとすれば、直線や波線を数限りなく描きこまなくてはならず、まったく落書きのようになってしまいます。

*9　光子交換の振幅は $(-j)\times P(\mathrm{A}-\mathrm{B})\times j$、すなわち二個の結合と光子が場所から場所へ行く振幅の積である。陽子が光子と結合する振幅は $-j$ である。

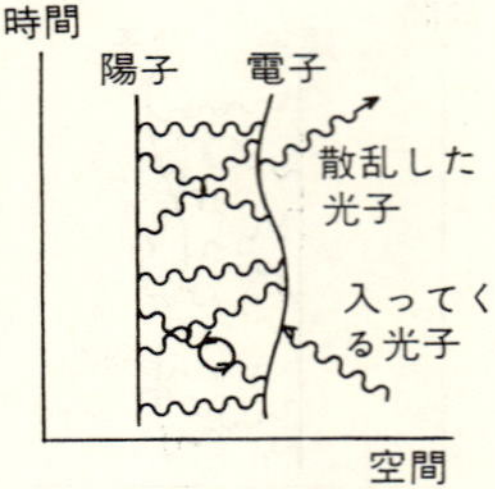

図 66　ガラス層による光の部分反射は，光が原子中の電子により散乱させられる現象である．この図では水素原子に例をとり，この事象が起り得る経路の一つを示す．

ここで水素原子中の電子が光を散乱させる場合の図をお目にかけることにしましょう(図66)。電子と原子核が光子を交換しているところに、原子の外から光子が一個やってきて電子にぶつかり、吸収されたのち新たに光子が一個放出されます。(例によってもとの光子が吸収される前に、新しい光子が放出されていた、というような可能性も考えられます。)

こうして電子が光子を散乱させ得るすべての可能性の振幅は、ある量の短縮と回転を表わす一本の矢印としてまとめることができます(この矢印を今後「S」と呼ぶことにします)。その量は原子核と、原子の中の電子の配置によって決るもので、物質によって違います。

ここでもう一度、ガラスの層による光の部分反射に立ち戻って考えてみましょう。そもそもこの現象はどのようにして起るのでしょうか？　今まで私は光がガラスの前の表面と裏の表面で反射する、と説明してきましたが、この表面という概念は、はじめ話をやさしくするため単純化したもので、ほんとうは光は表面に影響されないのです。入射した光子は、ガラス中の原子内にある電子によって散乱させられ、新しい光子が検出器に戻っていくのです。ガラスの中にひしめく何億もの電子全部について光子を散乱する振幅を表わす矢印を加えたりしなくても、前の面と裏の面からの反射を表わす二本の矢印を加えるだけで同じ結果が得られるとは、たいへん面白いことです。いったいなぜそうなるのか、考えてみましょう。

一つの層からの光の反射を新しい見方から説明するには、時間という次元を考えに入れる必要があります。前に単色光源からくる光の話をしていたときには、光子の進行にしたがって時間を測る架空のストップ・ウォッチを使い、その針がある特定の経路の振幅(矢印)の角度を決めていました。ところがP(AからBへ)(光子が一つの点から次の点に進む場合の振幅)の式には、回転の話など一つも出てはきません。いったいあのストップ・ウォッチはどうなったのでしょう？　針の回転はどこへ行ったのでしょうか？

第一回目の講演では、私は単に光源は単色だと言っただけでした。しかし一層による光の部分反射を正しく分析するには、もっとこの単色の光源について知る必要があります。光源から光子が放出される振幅は、一般的には時間によって変化するのです。時間が経つにつれ、光源から光子が放出される振幅の角度は刻々変ってゆきます。白い光というもの

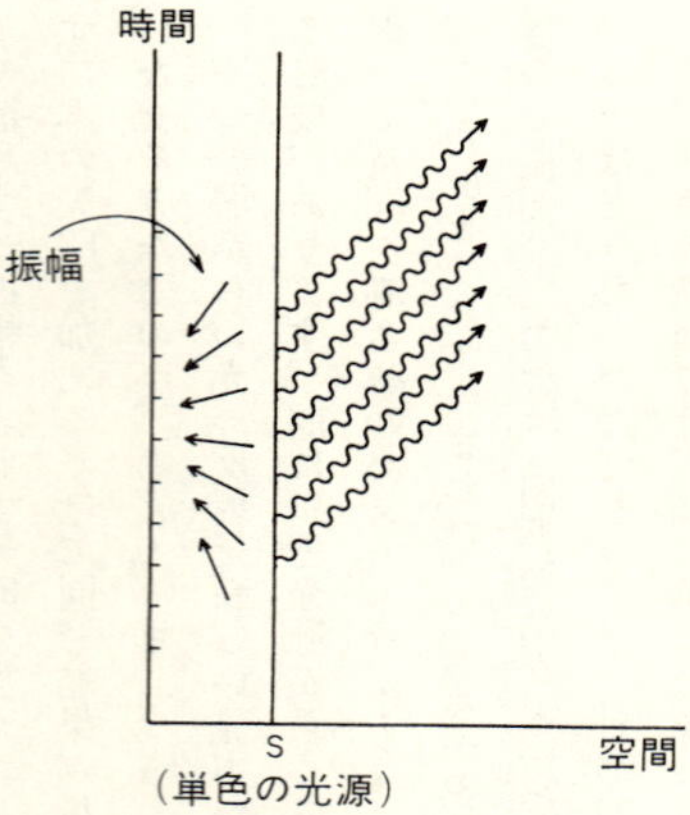

図 67　単色の光源とは，光子がはっきり予測できる過程で放出されるよう巧妙に調整して作られた装置である．ある時刻に放出される光子の振幅は，時間が進むにつれ時計と逆の方向に回転する．したがって光源が光子を放出する振幅の角度は，時間とともにマイナス方向に動く．光源から発せられる光は(検出器との距離が大きいため)すべて光速 c で進むと考えてよい．

は、さまざまな色の光の混ざったもので、その光源は無秩序に光子を放出します。したがって振幅の角度はぎくしゃくと不規則に変ります。一方私たちが単色光源を作るということは、ある時点で光子が放出される振幅が計算しやすいよう、装置を前もって注意深く調整することにあたります。つまり振幅の角度が、ちょうどストップ・ウォッチの針のように、一定の速度でスムーズに変っていくようになっているのです。(実際にはこの矢印は前に使った架空のストップ・ウォッチと同じ速度で回るのですが、回る方向は逆です。図67参照。）その回転の速度は光の色によって異なり、たとえば青い光の光源の振幅は、前と同様に赤い光源のものより二倍近くも速く回ります。したがって私たちが使った「架空のストップ・ウォッチ」の記録係は単色光源であったわけで、実際には特定の経路の振幅は、その光子がいつ光源から放出されたかに依存するのです。

いったん光子が放出された後は、この光子が時空の中をある点から他の点に進んでゆく間、もうそれ以上の回転はありません。P(AからBへ)の式によれば、ある点から他の点にc以外の速度で進む光の振幅もありますが、この実験では光源から検出器までの距離が(原子の規模に比べれば)比較的長いので、速度cからの寄与だけが相殺されずに残って、P(AからBへ)に長さを与えるわけです。

新しいやり方で部分反射の計算をするにあたり、まずこの事象を完全に定義することから始めましょう。この事象とは、A点の検出器がある時刻Tで、カチンと音をたてることです。そこでガラスの層を、いくつかの薄い層に分けることにします。ここでは六つの層としてみましょう(図68ⓐ)。ほとんどの光が鏡の中央で反射した第二回目の講演の分析からわかるように、各電子はあらゆる方向に光を散乱するけれども、ガラスの各部分の矢印を全部加えると、相殺しないところはただ一つ、光が鏡の中央に向かってまっすぐに進む

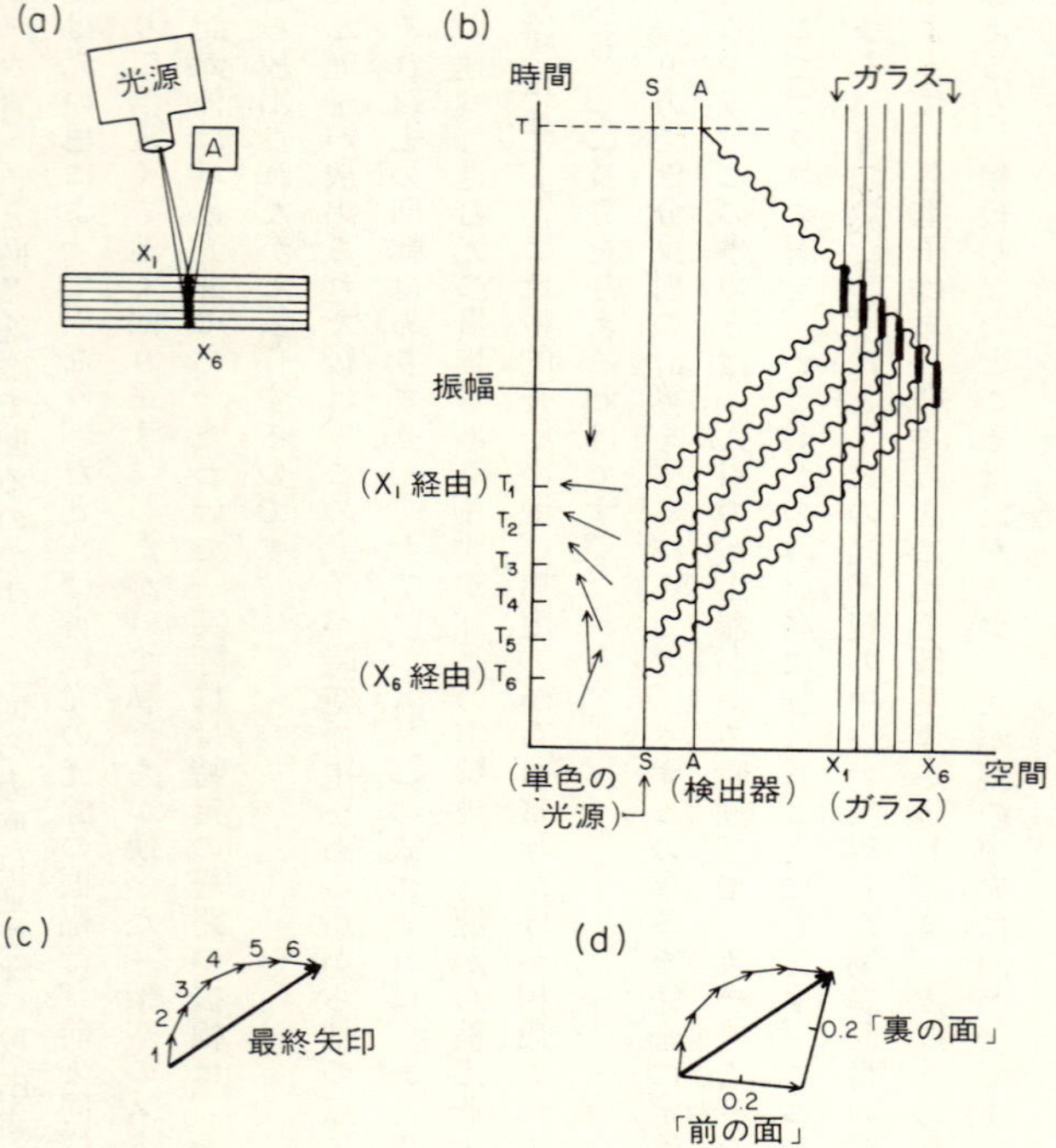
(a)
光源
A
X_1
X_6
(b)
時間
S
A
ガラス
T
振幅
(X_1 経由) T_1
T_2
T_3
T_4
T_5
(X_6 経由) T_6
S
A
X_1
X_6
空間
(単色の光源)
(検出器)
(ガラス)
(c)
1
2
3
4
5
6
最終矢印
(d)
0.2「裏の面」
0.2
「前の面」

図 68　部分反射の新しい分析法を紹介するにあたり，まずガラスの層をいくつかの(この場合は六つ)面に分け，光源を発した光がガラスまで進み，A にある検出器に戻るさまざまな経路を考えることから始めよう．ガラス上でもっとも重要な点(すなわち散乱の振幅が相殺しない点)は，各面の中央部のみである．(a) はガラス内の X_1 から X_6 がその中央部を示し，(b) ではこれを時空の図表上に 6 本の縦線として表わす．こうしておいて A 点の検出器が，ある時刻 T でカチンと鳴るという事象の確率を計算してみる．したがって事象は，時空の図表上では一点(A と T の交わる点)として表わされる．

この事象が起るには各経路とも必ず四つのステップが順を追って起らねばならないので，4 本の矢印を乗ずることになる．そのステップは (b) に示されているが，第 1 ステップではある時刻に光子が光源を出る(T_1 から T_6 までの矢印は，このステップが六つの異なる時刻で起きた場合の振幅を表わす)．第 2 ステップでは，光子が光源からガラス内の一点に進む(六つの異なった進み方が右上にゆく波線で表わされている)．第 3 ステップではガラス内のその点にある電子が光子を散乱させる(太く短い縦線)．第 4 ステップでは新しい光子が検出器へと進み，ある時刻 T に検出器に到着する(左に向って進む波線)．この第 2，3，4 のステップについての振幅は，六つの異なる経路についても全部同じだが，第 1 ステップの振幅だけが違う．ガラスの第 1 面の点(X_1)の電子が散乱させる光子に比べると，ガラスの中に深く入った，たとえば X_2 で散乱させられる光子は，より早い時刻 T_2 に光源を出発しなくてはならない．

各経路につき四つのステップごとの矢印を乗じて得られる矢印((c) に示す)は，(b) のものより長さが縮み角度が 90 度(ガラス内の電子の散乱の特徴)だけ回転している．この 6 本の矢印を順に加えると弧を描き，最終矢印はその弦となる．同じ最終矢印は((d) に示すように)，円弧の半径にあたる矢印を 2 本描き，これを「引算」(「前の面」の矢印の向きを反転し，「裏の面」の矢印に加える)することによっても得られる．この簡便な方法は，第 1 回目の講演で話を簡明にするため使ったものである．

部分で、そこでガラスを通りぬける方向か、検出器に戻っていく方向か、どちらかに散乱するのです。したがってこの事象の最終矢印は、ガラスの中央に垂直に並ぶX_1からX_6までの六点からの散乱を表わす、六本の矢印を加えることによって決るわけです。

さてここで、このX_1からX_6までの点を経由する経路を表わす矢印を計算することにしましょう。各経路には四つの段階が考えられます(ということは、四本の矢印を乗じるということです)。

第一ステップ　一個の光子が、ある時刻に光源から放出される

第二ステップ　その光子は、光源からガラス内の六点の一つに向って進む

第三ステップ　光子はその点で、電子により散乱させられる

第四ステップ　新しい光子が生れ、検出器に向って進む

なお、光源とガラスの間、あるいはガラスと検出器の間で、光が迷子になったり拡がったりしないと仮定できるため、この第二、第四のステップ(光がガラス上の一点に向って進む、あるいはその一点から出発する)についての振幅の長さは一であり、回転はないと言えます。第三ステップ(電子が光子を散乱させる)の散乱の振幅は一定で、必ずある量Sの短縮と回転がありますが、これはガラスの中ではどこでも皆同じです。(前にも触れたように、この量は物質によって違いますが、ガラスではSの回転量は九〇度です。)です

から乗じる四本の矢印のうち、第一ステップの矢印(ある時刻に光源から光子が放出される振幅)だけが、経路ごとに異なってくるわけです。

ある時刻Tに検出器Aに到着するために光子が光源を出発せねばならない時刻(図68(b))は、六つの経路ごとに異なります。X_2で散乱させられる光子は、X_1で散乱させられる光子より経路が長いので、少し早目に出発しなければなりません。したがってT_2での矢印は、T_1での矢印より少し多く回転しています。なぜならある時刻に単色光源が光子を放出する振幅は、時間が経つにつれ、時計とは逆の方向に回っていくからです。T_6に至るまでのそれぞれの矢印にも、これと同じことが言えます。つまりこの六本の矢印は長さは全部同じですが、それぞれ違う時刻に光源から放出された光子に対応しているわけですから、その角度は違っています(違う方向を向いています)。

第二、第三、第四ステップに定められている量だけ時刻T_1の矢印を短縮し、第三ステップの指定する九〇度の回転をさせますと、矢印1(図68(c))になります。矢印2から6も同様にして得られます。つまり1から6の矢印は全部同じ(短縮された)長さを持ち、T_1からT_6までの時刻での矢印と同じ量だけ回転しています。

さて今度は、この六本の矢印を加えてみましょう。1から6までの矢印を順々につないでみると、円の一部か弧のような形になり、最終矢印はこの弧に対する弦となります。最終矢印は、ガラスの厚さが増すにしたがって長くなってゆきます。ガラスが厚くなると層の数も矢印の数も増えて、弧も半円になるまで長さを増しつづけます。半円になると、最終矢印はその直径となります。半円を越えてなおもガラスの厚さが増していくと、最終矢印の長さはだんだん短くなりはじめます。そして加えた矢印の弧はついに円となり、新しい周期が始まるのです。この最終矢印の長さの自乗が、この事象の確率であり、ゼロから一六%まで周期的に変化します。

ある数学的トリックを使って、同じ答を出すこともできます(図68(d))。この「円」の中心から第一の矢印の尾と、第六の矢印の頭に向けて矢印を描くと、二つの半径を得ます。ここで中心から第一の矢印まで引いた半径の矢印を一八〇度回転させ(つまり引算をする)、もう一本の半径の矢印と合せると、同じ最終矢印になるのです! 私が一回目の講演で説明したのがこれで、今の例の二本の半径の矢印とは、私が言った「前の面からと裏の面からとの反射」を表わす二本の矢印なのです。そしてこの二本の矢印は、それぞれ例の〇・二の長さを持っているというわけです。[*10]

＊10 この弧の半径は、各層の矢印の長さに左右され、最終的にはガラスの原子中の電子が、光子を散乱させる振幅Sによって決る。この半径は、いろいろな光子交換過程について、例の三つの基本作用の式を使い、最後に振幅を加え合せることによって計算できる。これは非常に難しい計算問

題ではあるが、簡単な物質についてはこの半径がかなりよく計算されており、異なった物質間の半径の違いは、量子電磁力学の考えによってわりに良く説明されている。しかしガラスのような複雑な物質については、基本則から直接は計算されていないことも述べておく必要があろう。このような場合、半径は計算でなく実験によって決められている。ガラスについては、(光が直接ガラスに直角に当る場合は)実験の結果から、その弧の半径はだいたい〇・二であることがわかっている。

このようにして、反射はすべて前の面と裏の面からだと(事実には反するが)仮想することによって、部分反射の確率の正答を得ることができます。つまりこの直感的なやさしい方法では、「前の面」と「裏の面」からの矢印が、正答を出すための数学的仕組と言うことができます。一方今私たちがやったように、時空の図と円弧を成す矢印を使って分析すると、部分反射という現象すなわちガラス内部の電子による光子の散乱を、より正確に表わすことができます。

それでは反射しないで、ガラスの層を透過する光についてはどうでしょうか？　実は光子が電子にぶつからずにガラスを通りぬけるという振幅は、ちゃんとあるのです(図69(a))。長さからいえば、これがもっとも重要な矢印です。しかしそれ以外に、光子がガラスの下(B点)にある検出器に到達する経路が、六つもあります。たとえば光子がX_1に当り、新し

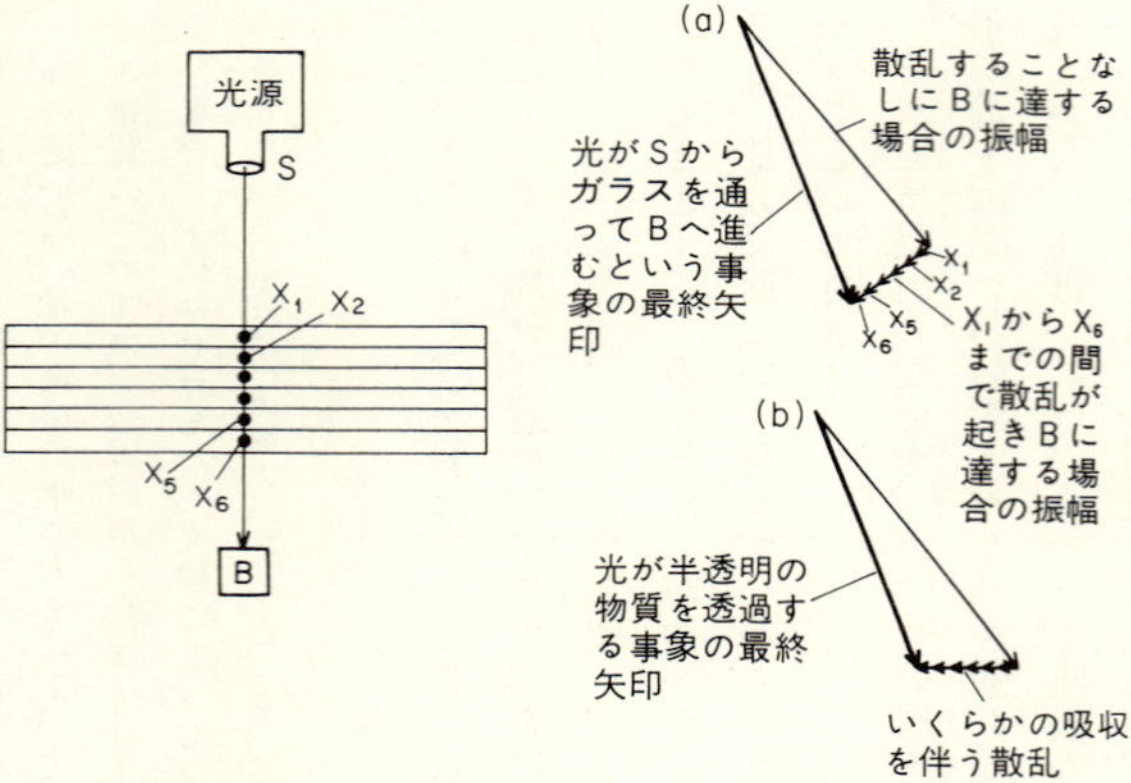

図 69　ガラス層を透過して検出器Bに行く光の振幅の最大のものは，(a)に示すガラス中の電子による散乱がまったくない場合のものである．この矢印に各面 X_1 から X_6 で光が散乱させられる場合を表わす6本の小さな矢印を加える．この6本の小矢印は(散乱の振幅がガラス内ではどこでも同じなので)皆同じ長さをもち，その向きも(光源からBに達する経路はどの X 点を通っても長さが変らぬため)皆同じである．こうして大きい矢印に小矢印を加えてみると，ガラス層を透過する光の最終矢印の向きは，光が散乱せずまっすぐ進んだ場合の矢印の向きと比べ，かなり回転している．光がガラス層を通るとき，真空や空気の中を通るときより速度が落ちるように見えるのはこのためである．物質中の電子による影響で，最終矢印が余分に回転した分は屈折率と呼ばれている．

透明な物質の場合，小矢印は大矢印に対し直角である．(二重や三重の散乱を考えに入れると，この小矢印は弧を描き，そのため最終矢印が大矢印より長くなることはない．自然は入る光より出る光が多くなるようなことがないよう，ちゃんとやりくりしている．)半透明の(ある程度光を吸収する)物質の場合，小矢印の向きは大矢印に対して90°より小さくなるため，最終矢印は(b)に示すように前よりかなり短くなる．この短い最終矢印は，半透明の物質の場合光子が透過する確率が減ることを示している．

い光子をBにはじき出したり、X_2にぶつかり、新しい光子をBに向けてはじき出すなどが考えられます。この六本の矢印は、どれも前の例で「円」を描いた矢印と長さが同じです。この長さは、ガラス内の電子が光子を散乱させる例の振幅Sに基づくものです。ただ、今度は、六つとも散乱が一回入るだけの経路の長さはすべて同じなので、六本の矢印は皆同じ方向を向いています。ガラスのように透明な物質の場合、これら六本の小矢印は、主流をなす矢印(光子が散乱せずにガラスを透過する振幅)に対し直角の方向を向いています。この小矢印を主流をなす矢印に加えると、その主な矢印と同じ長さで、向きが少し違った方に回転している最終矢印が得られます。ガラスが厚ければ厚くなるほど小矢印の数は増えてゆき、最終矢印はさらに回転してゆきます。これこそ実は凸レンズの原理で、経路が短くなるところに厚いガラスを挿入することにより、いろいろな経路の最終矢印を皆同じ方向に向けることが可能であるということです。

これと同じ結果は、光子の速度が空中よりもガラス中の方が遅いときにも起ります。これは光がガラス内を通る場合、最終矢印をより大きく回転させるということなのです。光は空中より、ガラス内または水中を通るときの方が、速度が落ちるように見えると前に言ったわけがこれでわかったでしょう。光の「速度が落ちる」ということは、実はガラス(または水)の中の原子が光を散乱させることにより、最終矢印を余分に回転させていたことにあたるのです。光が物質中を通過する際、最終矢印を余分に回転させる度合は「屈折率」と呼ばれています。*11

＊11　各層での反射の矢印(「円」を描くことになる)の長さは、透過の場合に最終矢印を余分に回転させる要因となった小さい矢印とまったく同じ長さである。したがってある物質の部分反射と屈折率には関係がある。

こうしてみると、最終矢印が一よりも長くなったように見えるが、もしそうなら、ガラスに射しこんだ光よりも出てくる光の方が多いことになってしまう！　そのように見えるのは、実は光子が一つの断面まで進み、散乱して新しい光子が上の断面に向い、これに当ってはね返り、また散乱して今度は第三の光子が折り返しガラスを通って進む……など、ほかのもっと複雑な経路の振幅を私が無視してきたからである。このような振幅を考えに入れていれば、たくさんの小さな矢印が徐々に「円」を描いていき、最終矢印の長さを〇・九二から一の間に保っていたはずである。(その結果、光がガラスの層を透過するか反射するかの全確率は、常に一〇〇%となる。)

光を吸収する物質の場合には、この小矢印は主流をなす矢印に対して九〇度より小さな角度をなします(図69(b))。このため最終矢印の長さは、主流をなす矢印よりも短くなります。つまり光子が半透明のガラスを透過する確率は、透明なガラスの場合より小さいことを示しているのです。

このように、最初の二回の講演であげた、振幅が〇・二の部分反射とか、水やガラスの中で光の速度が落ちて見えることなどといった現象も、でたらめのようだった数字も、すべて三つの基本作用でさらに詳しく説明できるのです。事実この三つの基本作用は、これ以外の現象もほとんど全部説明することができます。

あれほど変化に富んだ自然の姿が、ほとんど皆この三つの基本作用の単純な組合せによって起るものだとは、信じられないでしょう。しかしこれは本当なのです。自然がいったいどのようにして多種多様になるのか、少しだけ概略をお話しましょう。

まず光子から始めます(図70)。時空の中の1と2の点にある二個の光子が、3と4にある検出器に達する確率を考えてみることにしましょう。このような事象は二つの主な経路で起ります。この二つはそれぞれ連動した二つの事柄により起きるのです。二つの光子は直接3と4に行くことも(P(1から3へ)×P(2から4へ))、あるいは交差して行くことも(P(1から4へ)×P(2から3へ))あり得ます。この二つの可能性から生ずる振幅を加え合せるわけですが、(第二回の講演のとき見てきたように)ここに干渉が現れます。その結果最終矢印の長さは、時空中の点の相対的位置によってまちまちになります。

もしここで点3と4が、時空の中で同じ点だとしたらどうなるでしょう?(図71)　仮に光子が二個とも点3に到達するということにし、これが事象の確率にどのような影響を及

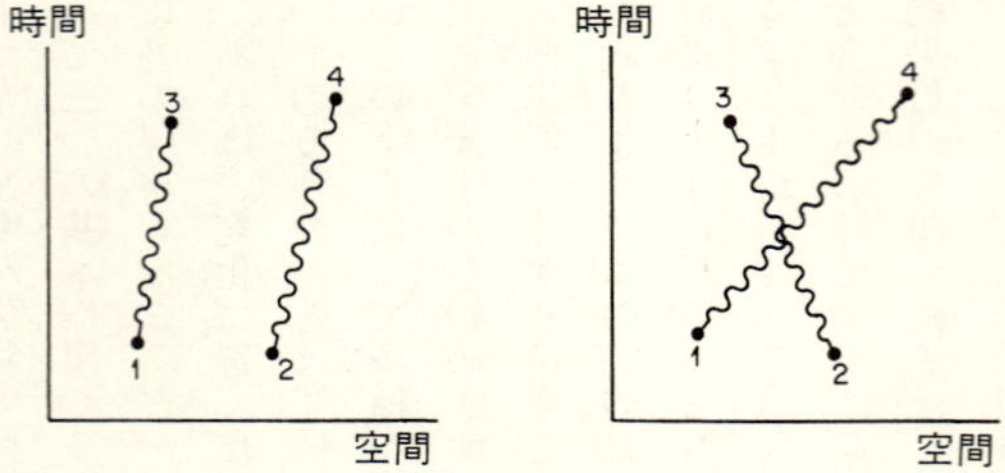

図 70　時空の中の点 1 および 2 にある光子が時空中の 3 と 4 に達する振幅は，その事象が起り得る二つの主な経路を考えることによって近似的に次のように表わすことができる．すなわち P(1 から 3 へ) × P(2 から 4 へ) および P(1 から 4 へ) × P(2 から 3 へ) である．この点 1，2，3，4 の相互間の位置によって，いろいろ干渉が起る．

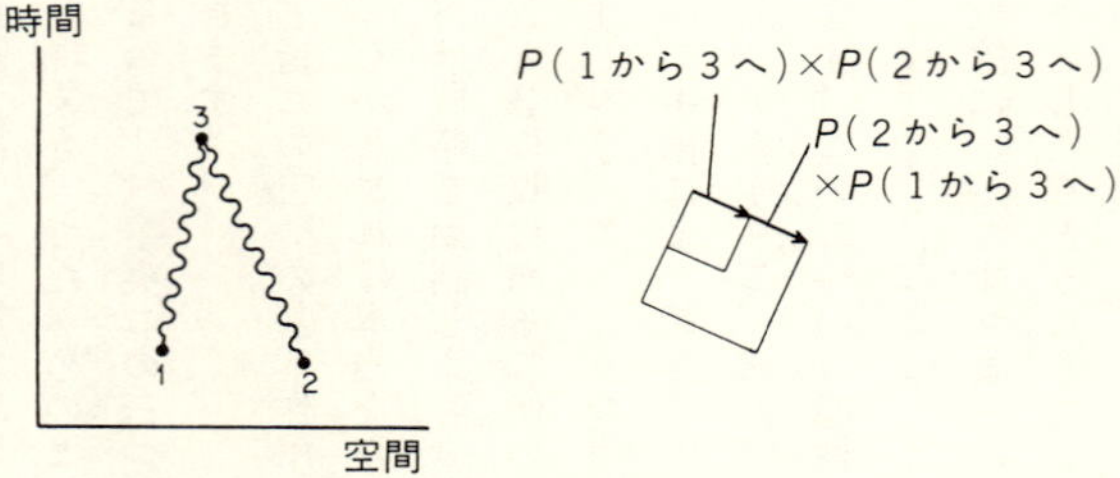

図 71　点 4 と 3 が一点に集まるような場合は，2 本の矢印 P(1 から 3 へ) × P(2 から 3 へ) および P(2 から 3 へ) × P(1 から 3 へ) は，長さも向きもまったく同じとなる．これを加えるとまっすぐにつながり，2 倍の長さとなる．そして自乗は 4 倍の大きさになる．つまり光子は時空中で同じ点に行きたがるということで，この傾向は光子の数が増えるにつれ，ますます大きくなる．これがレーザーの作用の基礎となる原理である．

ぼすものか、ひとつ考えてみましょう。この場合の二本の矢印は、P(1から3へ)×P(2から3へ)およびP(2から3へ)×P(1から3へ)で、二本ともまったく同じ矢印です。これを加え合せると一本の長さの二倍になり、自乗するとその値は一本の矢印を自乗した場合の四倍もの大きさになります。この二本の矢印は、長さも角度もまったく同じであるため、加えるときにはまっすぐつながり、干渉は点1と2の間の距離によっては変らず、いつも正になります。もし私たちが、この場合二個の光子間の干渉が常に正であることを考えに入れなかったら、確率は平均すると二倍になると思ったことでしょう。しかし二倍でなく、必ず四倍になるのです。それだけでなく、この予想外の確率は光子の数が増えれば、さらに大きくなってゆきます。

この結果は現実に見ることのできるいろいろな現象として現れます。光子どもは、互いに同じ「状態」(光子を見出す振幅は場所によって変動するが、その変動のしかた)に落ちこむ傾向を持っていると言えます。原子が一個の光子を放出する確率は、(原子が放出できる光子と同じ状態の)光子がすでに存在すれば、ずっと大きくなるのです。「誘導放出」と呼ばれるこの現象は、アインシュタインが光を光子と見なす量子論を打ちだしたときに発見したもので、レーザーの働きもこの現象に基づくものです。

ここでさきほど(図71)示したのと同じ比較を、私たちが使ってきたスピン・ゼロの仮想

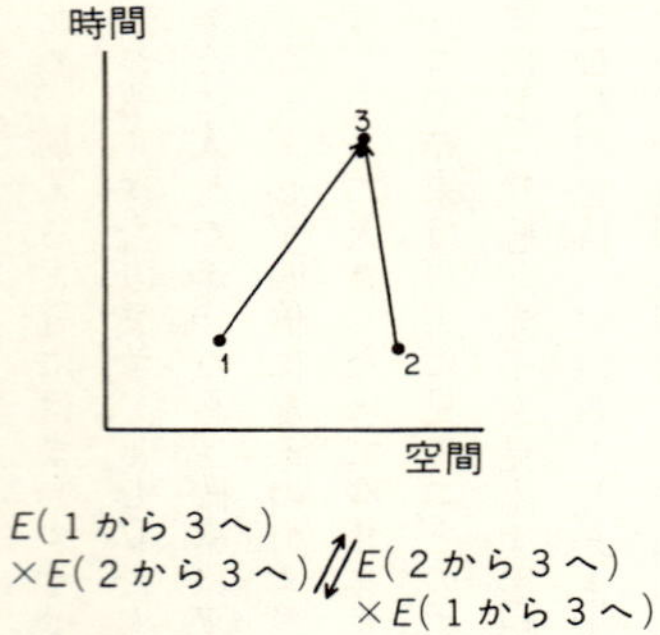

図72　もし(同じ偏極をもつ)2個の電子が時空中で一つの点に行こうとすると，偏極のため干渉はいつも負となり，同じ2本の矢印，E(1から3へ)×E(2から3へ)およびE(2から3へ)×E(1から3へ)は引算され最終矢印の長さは0になる．2個の電子が時空中で同じ位置を占めることを嫌うこの性質は，「排他原理」と呼ばれるが，これがあるためにこの宇宙の中にさまざまな原子が生れたと言ってよい．

の電子にあてはめれば、光子の場合とまったく同じことが起きます。しかし現実の世界の本物の電子は偏極がある(スピンがある)ので、全然異なった結果になるのです。つまりE(1から3へ)×E(2から4へ)およびE(1から4へ)×E(2から3へ)の二本の矢印は、引算されるのです。言いかえれば一方が一八〇度回転してから加え合さねばならないのです。そして3と4が同じ点である場合は、矢印が長さも方向もまったく同じなので、これを引算すると互いに打ち消し合います(図72参照)。そのため電子は光子と違って、同じ場所に行くことをいやがるのです。電子は、互いに厄病神であるかのように避け合います。したがって同じ偏極をもつ二個の電子は、時空の中の同じ点に居ることができません。電子のこの性質は「排他原理」と呼ばれています。

原子にさまざまな変化に富んだ化学的属性があるのは、電子のこの「排他原理」のお蔭です。陽子一個が、自分の周りを踊り回っている一個の電子と光子を交換し合っているのは、水素原子です。二個の陽子が、電子二個(互いに逆の偏極をもつ)と光子を交換し合っているのは、ヘリウム原子と呼ばれています。こうしてみると、化学者というものはややこしい数え方をするものですね。陽子を一つ、二つ、三つ、四つと数える代りに、「水素」「ヘリウム」「リチウム」「ベリリウム」「ホウ素」……などと言うわけですから。

電子には二つの偏極状態しかありません。したがって核に三個の陽子があって、三個の電子と光子を交換し合っている原子(これはリチウム原子と呼ばれる)では、第三の電子は核の近くを占領してしまった他の二個の電子と比べ、ずっと核から離れた位置にあり、交換する光子の数も少なくなります。このため第三の電子は、他の原子から放出された光子の影響を受け、自分の核から離れて飛び出しやすくなります。このような原子がたくさん密集しているところでは、それぞれが第三の電子を失いやすいため、原子から原子へと泳ぎ回る電子の海ができます。この電子の海は、ほんのわずかな電気力(光子)にも反応し、電子の流れ(電流)を作ります。これがリチウム金属が電気を伝えることの説明です。水素やヘリウム原子は、いずれも他の原子に電子を取られることはありません。つまり「絶縁体」ということになります。

原子は一〇〇種類以上ありますが、どれもみんな一定数の陽子と、同数の電子とから成り、これが互いに光子を交換し合っています。陽子や電子の集り方はたいへん複雑で、千差万別の性質を生み出します。金属あり、絶縁体あり、ガスがあるかと思えば結晶もあり、また柔らかいものや硬いもの、色のあるもの、透明なものなどがあります。「排他原理」と、三つの実に簡単な作用P(AからBへ)、E(AからBへ)、そしてjの無限の繰り返しによって、すばらしくかつ変化に富んだ世界が生み出されるのです。(もし世界中の電子に偏極がなかったとすれば、原子は皆たいへん似かよった性質を持つことになり、電子はめいめいの原子核の近くにかたまってしまい、他の原子に引きつけられて化学反応を起すこともなくなることでしょう。)

こんな簡単な作用がどのようにしてそんな複雑な世界を生み出せるのか、皆さんはきっとふしぎに思うでしょう。私たちがこの世界で眼にするのは、膨大な数の光子交換と干渉が、複雑にからみあった結果なのです。三つの基本的作用を知るということは、現実世界の状況を分析するためのほんの小さな糸口にすぎません。この現実世界ではあまりにも膨大な光子交換が起っているため、それを計算することなど到底無理な話だからです。あらゆる可能性の中から重要なものを見分けるには、よほど経験を積まなくてはなりません。このように気が遠くなるほど複雑な現実の現象を近似的に計算する手だてとして、私たちは「屈折率」とか「圧縮率」とか「原子価」などというような概念を考えだしたわけです。たとえてみれば、チェスの基本的で簡単な規則を知ることと、実際にチェスに強いということを比較するようなものです。規則を知るのは簡単ですが、実際にチェスに強くなるには、駒の位置のもつ意味を理解し、さまざまな状況の要点を把握していなくてはなりません。これはただ単にルールを知るよりずっと高等でむずかしいことです。

鉄(陽子を二六個持っている)にはなぜ磁気があり、銅(陽子を二九個持つ)にはなぜ磁気がないのか、とか、ガスには透明なものや不透明なものがあるのはなぜかなどを研究する物理の部門は、「固体物理」または「液体物理」と呼ばれ、ときには「嘘のない物理」とも呼ばれます。例の三つの簡単な小さい作用(もっともやさしい部分)を発見した物理部門は、「基礎物理」と呼ばれています。これは私たちがほかの部門の連中の気分を害するつもりで盗んできた名前なのです！　今日もっとも面白くしかももっとも実用的な分野は、言うまでもなく固体物理でしょう。しかしある人によると、良い理論ほど実用的なものはないということです。そしてわが量子電磁力学は、断然良い理論であることには間違いありません！

それではおしまいに、最初の講演で皆さんにお話した例の数、たいそう念入りに計測し、計算されたあの一・〇〇一一五九六五二二一という数に、もう一度戻りましょう。この数は外部からの磁場に対する電子の反応を表わすもので、「磁気モーメント」と呼ばれています。ディラックがこの数の計算をするための規則をはじめて考えだしたとき、彼はE（AからBへ）の公式を使って非常に簡単な答を出しました。これを今私たちは一単位と考えることにします。電子の磁気モーメントの第一近似を表わす図は実に簡単で、一個の電子が時空の中を移動し、磁石からくる光子一個と結合するというものです（図73）。

何年か経つうち、この磁気モーメントの大きさは実は正確に1ではなく、ほんの少し大きくて一・〇〇一一六ぐらいだとわかってきました。一九四八年にはじめてシュウィンガーがこの補正の計算をし、$j \times j$を2πで割った値を得ました。これは電子がある場所から他の場所へ動く経路が、他にもあり得ることを考えに入れて計算した結果です。電子がある点から他の点に直接行く以外に、しばらくまっすぐ進んだあと突然光子を放出し、自分の吐きだしたその光子を、こともあろうにまた吸収するというのがその経路の一つです（図74）。何となく「ハレンチ」に聞えるかもしれませんが、電子がその通りをやるのだからしかたがありません！　この新たな経路の矢印を計算するには、時空の中で光子が放出

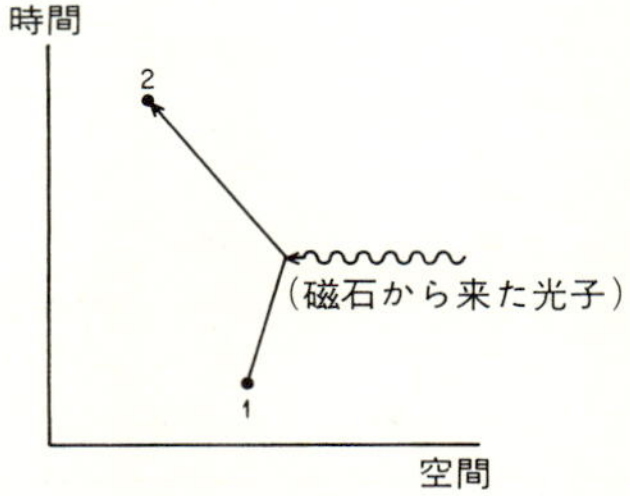

図 73　ディラックによる電子の磁気モーメントの計算を表わす図は，実に簡単なものである．この図で表わされる値を以後 1 とする．

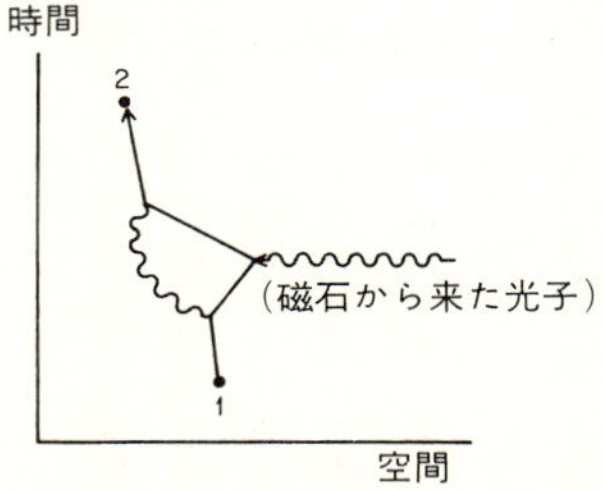

図 74　実験室で行なった実験の結果によると，電子の磁気モーメントは実は 1 ではなく，それよりごくわずかだけ大きい値をもつ．それは電子が光子を放出して再び吸収するというような経路があるからで，その場合には E(A から B へ)をもう二つ，P(A から B へ)を一つ，j をもう二つ入れて計算する必要がある．シュウィンガーはこれを計算し，$j\times j$ を 2π で割っただけ補正すればよいことを示した．

点 1 から出発した電子が点 2 に達するという始めと終りの状態には変りないため，いま考えた経路も，最初に考えたものと実験上区別できない．したがってこの二つを表わす矢印は加えられることになる．そして干渉が起る．

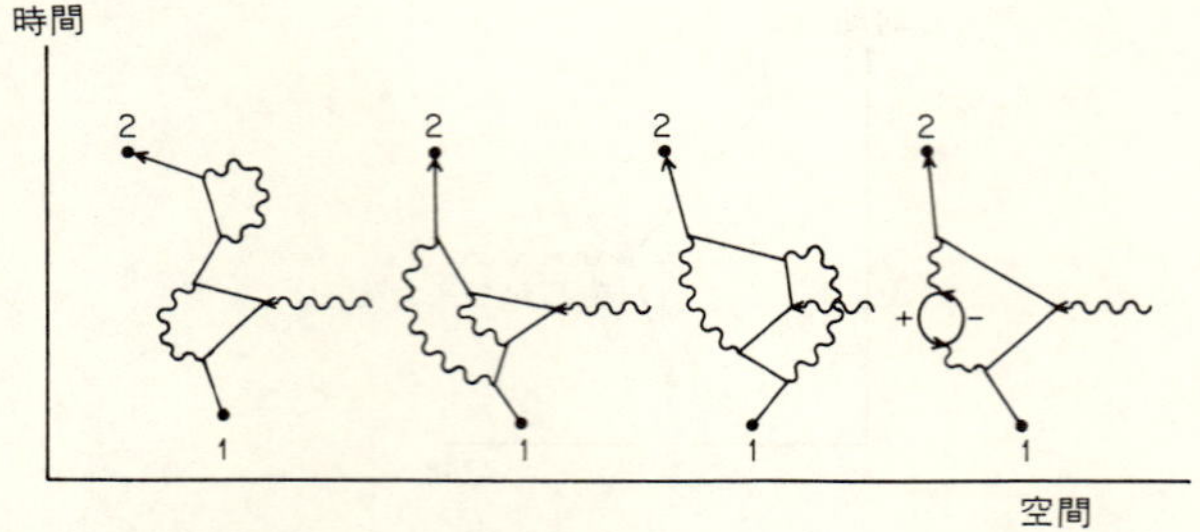

図 75　実験結果が非常に精密になってきたため，四つの結合を(取り得るすべての時空中の中間点も)含むさまざまな経路を計算する必要が出てきた．その数例をここに示す．右端の場合には光子が崩壊して陽電子−電子の対となり(図 64 で説明したように)，これが消滅してできた新しい光子が最終的には電子に吸収される．

され得る場所と、吸収され得る場所全部についての矢印を描かなくてはなりません。したがって図74の場合の計算には、E(AからBへ)がもう二つ、P(AからBへ)が一つ、jがもう二個あり、これを全部掛け合せることになります。物理専攻の学生は、大学院の二年目に量子電磁力学入門の講義で、この簡単な計算のやり方を学びます。

だがちょっと待ってください。実験で電子のふるまいが非常に正確に測定されているので、私たちは計算の方でももっと複雑なほかの可能性(第二次補正項)をも考える必要があります。つまり(図75のように)さらに四つの余分な結合をしながら、電子がある場所からほかのところへと動くすべての進み方を考えなくてはなりません。電子が二個の光子を放出して、それを再吸収するやり方には三通りありますが、その他にもう一つもっと新しく面白い可能性があります。一個の光子がまず放出され、これが陽電子-電子の対《つい》を作り、(ここで皆さんに「ハレンチ」批判をしばらくお預けにしていただくと)その電子と陽電子が再び消滅し合った結果新しい光子ができ、これが結局もとの電子に吸収される可能性です(図75右端)。このような可能性もまた計算の中に入れなくてはなりません!

この第二次補正項については、それぞれ独立した二つの物理学者のグループが丸二年かかって計算しましたが、この計算に間違いがあるということを発見するのに、それからまた一年かかりました。というのも実験屋たちが計測した値が、計算値と少しばかり違っていたのです。そのためしばらくの間、めずらしく理論と実験が初めて一致しないかのように見えました。しかし実はそうではなく、ただの計算上の間違いであったことが、後でわかりました。しかし別々に計算したはずの二つのグループが、同じ間違いをするなどということがなぜ起ったのでしょうか? 後でわかったことですが、計算も終りに近づいた頃、この二グループは互いの計算を比べ合い、くい違っているところを直し合ったのです。ですからほんとうの意味で「独立」して計算したわけではなかったということになります。

それはさておき、さらに六個の j を追加した項は、事象が起り得るもっとたくさんの可能な経路を含むことになりますが、今その例を二、三ごらんにいれましょう(図76)。電子

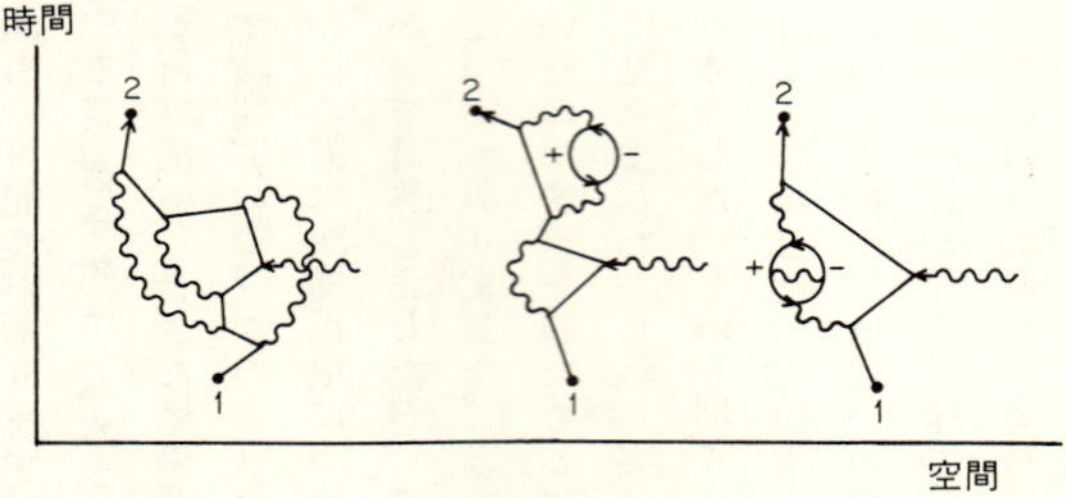

図 76　理論値をよりいっそう精密にするための計算は進行中である．次に考えられる振幅に寄与する項は，さらに六つの結合を含むものすべてだが，図式にすればそれぞれが 500 もの項を含む 10000 の数にのぼる．そのうち三つの例を上に示す．1983 年現在の理論値は 1.00115965246 で，誤差は末尾の 2 桁について 20 くらいである．これに対し実験から出された値は 1.00115965221 で，誤差は最後の桁について約 4 というものである．この精度は，たとえて言うならば、ロサンゼルスからニューヨークまでの距離 3000 余マイルに対し，誤差が人間の髪の毛の太さ程度ということになる．

の磁気モーメントの理論値が今お話したような超高精度になるまでに、何と二〇年もの年月がかかりました。その間実験屋の連中は、さらに詳しい実験をやっては、この実験値の桁数をいくつかつけ足しましたが、それでもなお理論は実験の結果とぴたりと一致したのです。

この磁気モーメントの計算は、模式図を描き、これと対応する数学式を書き、振幅を加えるという、料理の本のようなはっきりした筋書きのある作業ですから、計算機を使ってもやることができます。しかもとび切り高級なスーパーコンピュータのある現在、私たちはjがさらに八個も含まれる項を計算しています。今の時点では、理論値は一・〇〇一一五九六五二四六、実験値は一・〇〇一一五九六五二二一で、末尾の桁にプラスマイナス四くらいの誤差が入っています。理論値の不定部分(末尾の桁で四くらい)は、コンピュータが数をはしょってしまうことも原因の一つですが、主として(末尾の桁で二〇くらい)は j が正確に知られていないことによるものです。j がさらに八個も追加された補正項にいたっては、それぞれが五〇〇もの項を含む図式が約一万という途方もないものですが、その計算は目下進行中です。(二〇〇六年現在、実験値はこの一〇〇分の一程度まで精度が上がっている—訳注)

おそらく今から二、三年もすれば、理論的にも実験的にも電子の磁気モーメントの値には、次々と桁が追加されていくに違いありません。もちろん理論値と実験値がいつまでも一致し続けるかどうかは保証できません。これればかりは実際に実験や計算をしてみなければわからないことです。

こうして私たちは、最初の講演で皆さんを「おどかす」ために取りあげた数に、まわりまわって戻ってきたわけです。話が進んできた今では、この数の重要性がよくわかっていただけたと思います。

この数字は、私たちが絶えず異常なまでの執念をもって量子電磁力学という不思議な理論の正しさを徹底的に検証し続ける努力の象徴なのです。

この連続講演を通して私は、このような精密な理論は常識を犠牲にしてはじめて得られたのだということをお話するのが愉快でしかたありません。私たちはこのまったく奇怪な自然のふるまいを、あるがままに受け入れなくてはならないのです。確率が大きくなったり、小さくなったり、光が鏡全面で反射されたり、光が直線以外の経路を通ったり、光子が普通にいう光速より速く進んだり遅く進んだり、電子が時間を逆行したり、光子が突然崩壊して陽電子-電子の対になったり、まったく奇妙なことばかりです。それでも私たちはこれを、そのまま受け入れなくてはなりません。この世界で眼にするほとんどすべての現象の裏にある自然の仕組を知ろうとするなら、どんなに奇妙でもそのまま受け入れるしかないのです。

偏極(偏光)の専門的説明だけを除き、私はこのような現象すべてを理解するための基本的な枠組をお話しました。まとめて言いますと、一つの事象が起り得る経路一つ一つについて、振幅の矢印を描き、普通なら確率を加えるところを振幅を加え、確率を掛け合せるところを振幅を掛け合せるのです。

振幅というのが抽象的概念であるため、すべてを振幅から考えるというのは、はじめはむずかしいかもしれません。しかしこの妙な言葉もしばらく使っているうち慣れてくるものです。私たちが毎日眼にする多くの現象も、一皮むけばすべてがたった三つの基本作用から成っているのです。一つは簡単な結合定数jによって表わされ、あとの二つはP(AからBへ)とE(AからBへ)という互いに近い関係にある二つの関数によって表わされます。これだけからあとの物理法則すべてが出てくるのです。

とは言いましたが、この講演を終える前にもう少しだけつけ足したいことがあります。量子電磁力学の精神や特質は、偏極の専門的な説明はしなくても、充分理解できます。しかし皆さんにしてみれば、私が今まで抜かしてきたことについて何らかの説明を聞かないと、何となく不安が残るのではないかと思います。光子には偏光と呼ばれている四つの異なった状態があり、それは時空での方向に幾何学的に関係しています。つまり光子にはX、Y、Z、Tという四つの方向に偏光しているものがあるのです。(ひょっとすると皆さんはどこかで、光の偏光状態には二つしかなく、たとえばZ方向に進む光子は、XかYのどちらかの方向に直角に偏光できることを小耳にはさんだことがあるかもしれません。もうだいたい見当がついたと思いますが、光子が長い距離を光の速度で進むような場合には、ZとTの項についての振幅は相殺されてしまうのです。ところが原子の中で、電子と陽子との間のような非常な短距離を進む仮想光子を考えるときには、Tの成分がもっとも重要なものとなってくるのです。)

これと同様に、電子もまた幾何学に関係ある四つの状態になり得るのですが、この関係は光子に比べてもっと微妙なものです。その四つの状態を1、2、3、4として考えてみますと、時空の中でA点からB点へ行く電子の振幅を計算するのは、いささか複雑になってきます。というのは「2の状態でA点を離れた電子が、B点に3の状態で達する振幅は？」などという質問が出てくるからです。Aを出発する電子には四通りの状態があり得ますし、B点に到着する電子にも四通りの状態があり得るので、一六通りの組合せが可能となります。これは前にもお話したE（AからBへ）の式と単純な数学的関係をもつものです。

一方光子の場合にはそんな修正はぜんぜん必要ありません。A点でXの方向に偏光している光子は、あいかわらずX方向に偏光したまま、振幅P（AからBへ）でBに到着するのです。

偏光はさまざまな結合の可能性を生みだします。たとえば私たちは「2の状態にある電子が、X方向に偏光した光子を吸収した結果、3の状態にある電子になる振幅は何か？」などと考えることができるわけです。

偏極した電子と光子の可能な組合せが、必ずしも全部結合するとは限りませんが、結合するものは必ず同じ振幅jで結合します。ただし矢印が、さらに九〇度の倍数だけ余分に回転することがときたまあります。

このようにさまざまな偏光がとれることも結合の組合せも、すべて量子電磁力学の原理と次の二つの仮定に基づき、たいへんエレガントで美しい方法によって導くことができます。その二つの仮定とは、(1)実験に使っている装置全体をたとえ別の方向に向けて実験しても、実験の結果には影響しない。(2)実験装置が、ある速度で飛んでいる宇宙ロケットの中にあったとしても、実験の結果は全然変らない(これこそ相対性原理です)。

今言ったこのエレガントで普遍的な分析は、どの粒子も必ず私たちがスピン・ゼロ、スピン1/2、スピン1、スピン3/2、スピン2などと呼ぶ偏光の等級の、どれか一つの状態になければならないことを示しているのです。この等級が違えば、その行動も違ってきます。スピン・ゼロの粒子の場合がもっとも単純で、たった一個の成分から成っており、事実上偏光できません。(私たちが今までこの講演を通してずっと例にとってきた「にせもの」の電子や光子は、このスピン・ゼロの粒子ですが、現在に至るまでスピン・ゼロの素粒子というものは見つかっていません。)本物の電子はスピン1/2の粒子で、本物の光子はスピン1の粒子です。スピン1/2の粒子もスピン1の粒子も、それぞれ四つの成分から成っていますが、このほかのタイプの粒子は、たとえばスピン2の粒子は一〇という具合に、もっと多くの成分を持っています。

今私は相対性原理と偏光の間の関係は簡単でエレガントだと言いましたが、これを簡単明瞭にしかも優雅に説明できるかどうかは、ちょっと保証できかねます！（これを説明するには、少なくとももう一回講演する必要がありそうです。）偏光の詳しい内容は、量子電磁力学の心と特質とをつかむのになくてはならないものではありません。とはいえ、現実の物理的過程を正しく計算するには絶対必要であり、しばしば大きな効果を及ぼすものなのです。

今までの講演を通して、私は非常に近い距離にある少数の光子と電子に関する、単純な相互作用ばかりを話してきました。しかしここで、膨大な数の光子が交換されているもっと規模の大きい世界では、この相互作用がどのように見えるのか二、三お話しておきたいと思います。そのように規模が大きくなると、当然のことながら矢印の計算はたいへん複雑になってきます。

とはいえ、分析するのがそれほどむずかしくない状況もないではありません。たとえば光源から光子が放出される振幅が、他の光子が同じ光源から放出されたかどうかには依存しない場合があります。光源となるものが非常に重い場合(原子核のように)とか、放送局のアンテナの中を上下に動く電子や、電磁石のコイルをぐるぐる回っている電子のように、非常にたくさんの電子が同じ方向に動いているような場合がその例です。このような場合には、同じ種類の光子が多量に放出されます。こうした条件のもとで電子が光子を吸収する振幅は、それ以前にその電子自身または他の電子が、他の光子をすでに吸収していたかどうかには全然関係しません。電子の時空の位置のみによって決るのです。物理学者はこのような状況のことを、「電子は場で動いている」というような、ごく普通の言葉で言い表わしています。この「場」という言葉は、時空の中での位置によって決る量を表わしているのです。空気中の温度はこの「場」の良い例で、それを測る時間と場所によって異なります。さらに偏光を考えに入れると、この「場」にもっと成分が増えることになります。(つまり、X、Y、Z、Tの四種の偏光状態にある光子を吸収する振幅に相当する四つの成分があるわけですが、これは専門語ではベクトル電磁ポテンシャルおよびスカラー電磁ポテンシャルと呼ばれています。古典物理学では、これらの成分の組合せから電気の場および磁場という、もっと便利な成分を引き出しています。)

この電磁場がゆっくり変化する場合には、電子が非常に長い距離を動いてゆく振幅はその経路によって左右されます。前に光の例で見たように、いちばん重要なのは、周囲の経路の振幅の矢印の角度がほぼ同じであるような経路です。その結果、粒子は必ずしも直進するわけではないということがわかります。

こうして私たちは再び、古典物理学に舞い戻ってきました。この自然の中には場というものがあり、電子はその場の中を、「ある量を最小とする」ような動き方で動いているのです。(物理学者はこの動きを「作用」と呼び、この法則をまとめて「最小作用の法則」と呼んでいます。) これが量子電磁力学の規則がどのようにして大規模な現象を作りだすかを示す一例です。これをもとにして、いろいろな方向に発展して話を進めていくことができるわけですが、この講演にもどこかで切りをつけなくてはなりません。ここでもう一度念を押しておきたいのですが、普通に見られる大規模な現象も、小規模で不思議な現象も、つまるところは電子と光子の相互作用から生れたもので、究極的には量子電磁力学の理論ですべて説明がつくのだということを、心にとめておいていただきたいと思います。

4 未解決の部分

今日のこの講演を私は二つに分けたいと思っています。まず第一にすべてのものが光子と電子だけで成りたっている仮想の世界で、この量子電磁力学に残された問題点についてお話しします。そのあとで量子電磁力学とその他の物理学の分野との関係を話しましょう。

量子電磁力学のもっともショッキングな特徴は、振幅で組み立てられている奇妙きてれつな理論体系そのものです。それ自体がすでに何らかの問題点をさらしているのではないかと思う人もいるでしょうが、物理学者はもう五〇年以上もの長い間振幅をひねくりまわしてきたので、もうこれにはすっかり慣れてしまいました。しかもただ慣れただけでなく、私たちが観察できる新しい現象も、新しく発見された粒子も、一つ残らずこの振幅で組み立てられた理論体系が導き出す予測とぴったり合うのです。この理論体系とは、変てこな方法で(干渉なども含め)小さな矢印を合せてできた最終矢印の長さの自乗が、事象の確率を表わすとすることだったのです。この振幅の理論体系の正しさについては実験的には疑問の余地がありません。そもそも振幅とは何を意味するのか(もしほんとうに少しでも意味のあるものなら)という哲学的疑問は大いに残るのですが、物理学が実験の科学である以上、私ども物理学者にとってはこの理論体系の予測が実験の結果とぴったり合いさえすれば今のところはこれで満足なのです。

ただしその量子電磁力学にも、例の小さな矢印を足算する計算法(いろいろな状況で使われるさまざまな技術)の改善については、大学院の学生が三年も四年も勉強しなくては習得できないようなひと組の問題はあります。しかしこれは非常に技術的な問題なので、ここでこれを論じることはしません。要はいろいろな状況で量子電磁力学の理論が実際に意味しているところを、分析する方法を絶えず改善してゆくだけのことです。

しかしそのほかにもう一つ、量子電磁力学の理論そのものに特有な問題で、解決するのに二〇年もかかったものがあります。それは理想化された電子および光子と、nとjという数に関するものです。

もし電子が「理想的」で、時空の中を点から点へと直進するだけ(図77の左端の図)とすれば、全然問題はなかったのです。それならnは単に電子の質量(これは実験で測定できる)ですし、jはその「電荷(電子が光子と結合する振幅)」に過ぎません。これもまた実験で測ることができます。

ところが残念ながら、そのように「理想的」な電子などというものは実在しないのです。私たちが実験室で観察するのは、ときたま光子を放出したり、自分が放出したその光子を再吸収したりするホンモノの電子ですから、その質量は当然結合の振幅jに左右されるの

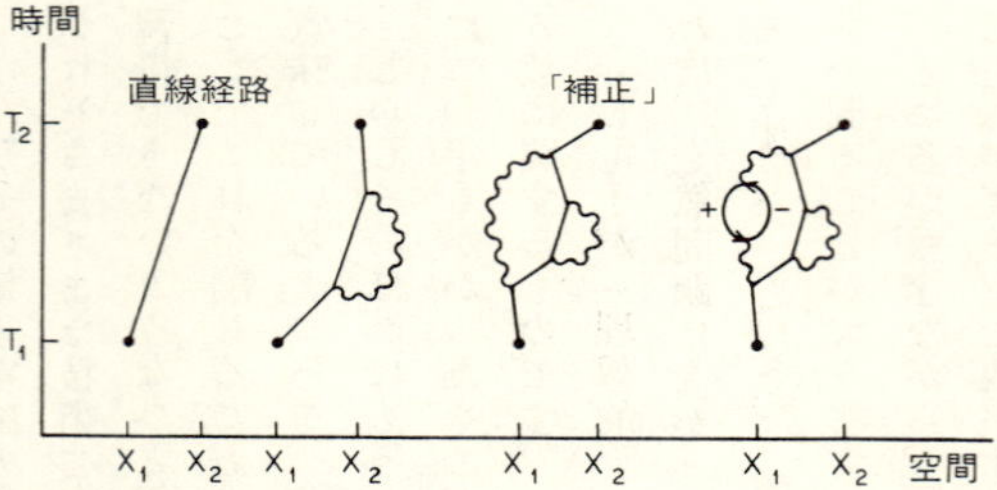

図 77　1個の電子が時空中を点から点へと進む振幅を計算するにあたり，直進する場合(直線経路)についてはE(A から B へ)の式を使う．(そうしておいて1個かまたはそれ以上の光子が放出されたり吸収されたりする場合を含めることで「補正」を行なうわけである．) E(A から B へ)は，(X_2-X_1)，(T_2-T_1)および答を正しくするためこの公式に入れたnという数に依存する．このnという数は「理想化された電子」の「静止質量」と呼ばれているが，これを実験で計測することはできない．なぜならホンモノの電子の静止質量mは，ありとあらゆる「補正」を一つ残らず含むものだからである．E(A から B へ)に使われるnを計算するにはかなりの困難があったため，これを解決するのに 20 年もの年月がかかった．

です。また私たちが観察するのは、ときたま電子-陽電子対をなすこともあるホンモノの光子と、ホンモノの電子との間の電荷なのですから、これもまたnを含むE(AからBへ)によって左右されます(図78)。一個の電子の質量や電荷は、このほかのもろもろの可能性に影響されるため、実験で測定された電子の質量mおよび電荷eは、計算に使われるnやjの値とはかなり異なったものとなるわけです。

もし理論的数値nおよびjと、観測値mおよびeとの間にはっきりした数学的関係があれば、問題はありません。私たちは計算結果

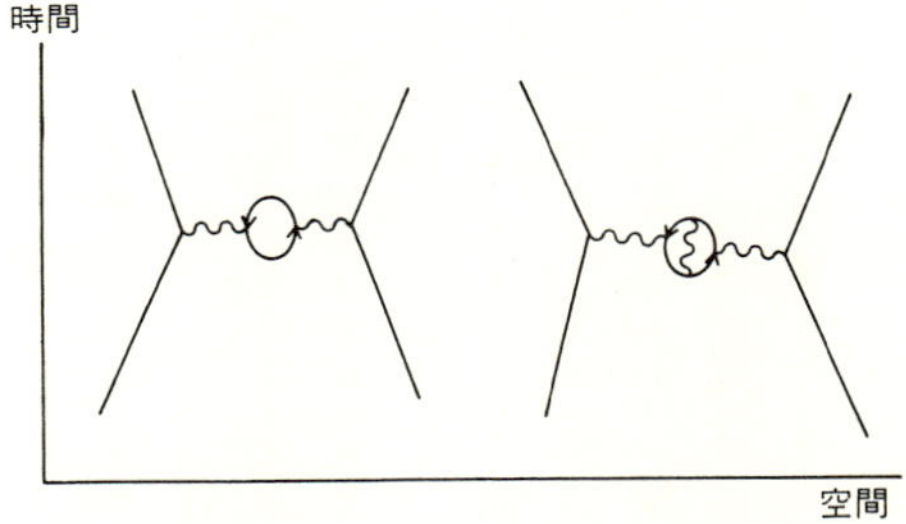

図 78 実験で測定された電子と光子の結合する振幅は，神秘的な数 e で表わされるが，この数は，1 個の光子が時空中を点から点へと行く場合に現れる「補正」を全部含むものである．補正項の例を二つここに示す．これを計算するには補正を含まず，単に点から点へと直進する光子のみを含む j という数が必要になってくる．この j の計算には，n の計算と同じような困難がつきまとう．

が観測値 m と e になるように、n と j をあらかじめ計算しておけばいいからです。（もしその計算の結果が m と e とに一致しない場合は、ぴったり合うまでもとの n と j を変えてみればよいのです。）

さてここで実際には m をどのようにして計算するのかを見ることにしましょう。まずこの前電子の磁気モーメントを計算したときのような一連の項を書きます。最初の項には結合はなく、ただの E(AからBへ)で、これは時空の一点から他の一点へまっすぐ進む理想化された電子の動きを表わします。第二項は、光子が放出され吸収されるという二つの結合を含むわけですが、その次の項からは結合の数が4、6、8、……というように増えてゆきます。（このような「補正項」の例は図77

に示してあります。)

このように結合を含む項の計算をするにあたり、私たちは(例のごとく)結合の起り得るありとあらゆる点を考えなくてはなりませんが、その結合点の中には間隔がゼロ、すなわち二つの結合点が重なり合っているようなものまで入っています。ところが困ったことに、距離ゼロに至るまでの可能なものを全部含めて計算をやろうとすると、その方程式は見る間に風船玉のようにふくれ上がり、無限大といった無意味な答が出てくるのです。はじめて量子電磁力学の理論が登場したころには、これがいろいろやっかいな問題をひき起しました。何かを計算すると、どれもこれも無限大という答が出るのです！ (数学的に矛盾のないようにするには、私たちは必ず距離ゼロまで下がっていく必要があるわけですが、そこまで行くと困ったことに、nにせよjにせよ、筋のとおった答が得られないのです。ここに問題があるわけです。)

ところが結合が起り得るすべての点の距離をゼロまで計算せず、実験で計測できるどんな距離(今では10^{-16}センチまで観測できます)より何十億分の一も小さい、たとえば10^{-30}センチというごくごく小さい距離で計算を中止すれば、nもjもはっきりした数値が得られ、これを使えば、実験で観測された質量mおよび電荷eにぴったり合うような質量と電荷が算出されるように調節できます。ただしこれにはちょっとひっかかる点があるのです。もし誰かが異なった距離、たとえば点同士の間隔が10^{-40}センチというところで計算を止めたらどうでしょう。同じmとeの値を出すのに必要なnとjの値は、前の場合(10^{-30}センチで止めた場合)とは異なったものになってしまうのです！

それから二〇年経った一九四九年、ハンス・ベーテとヴィクター・ワイスコフの二人は、これに関してあることに気がつきました。ある二人の人間が、同じmとeからnとjを求める計算をそれぞれ異なった距離のところで止め、出てきたnとj(適切ではあるが各々異なった値の)を使って何か別の問題をめいめいに計算したとします。するとふしぎなことに、すべての項の矢印を全部合せてみると、二つの答はほぼ一致するのです！　事実nとjの計算を中止する距離がゼロに近ければ近いほど、その別の問題に対する二人の答はよく一致するのです。シュウィンガー、朝永と私の三人は、それぞれ独立してそれが事実であることを確認する明確な計算法を考え出しました。(われわれはこの仕事で賞をもらったわけです。) ついに誰でもが量子電磁力学の理論を使って、実際の計算ができるようになったのです。

こうしてみると、結合点間のわずかな距離によって左右されるのは、nとjという、実験ではどうしても直接に観測することのできない理論上の数値だけらしく、それ以外の観測できるすべてのものは影響されないようです。

nとjを決めるために私たちが使うシェル・ゲーム(どちらの手の中に貝殻があるかを当てる手品)は、専門語では「くりこみ」と呼ばれますが、どんなに偉そうな名前をつけたところで、私に言わせればいささかこれは眉唾ものです。こんな手品のような方法に頼らなければならなかったため、量子電磁力学の理論が数学的に矛盾のないものであることが証明されないでいるのです。この理論が無矛盾であることが、今だに何らかの方法で証明されていないのは意外なことで、おそらく例の「くりこみ」が、数学的に筋が通らないためだろうと私はにらんでいます。一つ確実なことは、量子電磁力学の理論を説明できる良い数学的方法がまだないということです。nとjおよびmとeの関係を説明するのに、こんなにもたくさんの言葉を使わなくてはならないのでは、決して良い数学とは言えません。[*1]

＊1　この難点は次のように言い表わすこともできる。つまり二つの点が無限に近くなり得るという考え方自体、またぎりぎりのところまで幾何学を使えると思うこと自体、間違っているとする考えである。私たちが可能な最短距離を10^{-100}センチ(現在実験で確かめることができる最小距離は10^{-16}センチ前後)に制限して計算すれば、無限大は消えてなくなる。その代り、今度は一つの事象の確率の総和が、ごくわずかながら一〇〇%より多かったり少なかったりするとか、非常に微量の負エネルギーが出るというような矛盾が起きてくる。このような矛盾が生じるのは、私たちが重力の影響

を考えに入れていないからだということも言われ始めている。重力は普通ごくごく弱いものであるが、10^{-33}センチというような距離ともなると、重要になってくる。

観測された結合定数e（現実の電子が現実の光子を放出または吸収する振幅）に関しては、たいへん美しくまた深遠な疑問が一つあります。eは実験的にマイナス〇・〇八五四二四五五ぐらいと測定された、ただの数にすぎません。（私の物理学の友人どもは、この数字を聞いても何の値かわからないでしょう。彼らはむしろこの数の自乗の逆数一三七・〇三五九七（小数点以下最後の桁で約二ぐらいの誤差をもつ）を覚えていたいのです。五十余年前発見されて以来、この数はずっと謎のまま現在に至っています。すぐれた理論物理学者なら誰でもこの数を壁にはりつけ、しきりに知恵を絞っているはずです。）

これを聞いたとたん、誰しもこの結合を決める数がどのようにして出てくるのか知りたくなります。円周率πにでも関係があるのか、それともひょっとすると自然対数の底eと関係のある数だろうか。実はこれだけは誰にもわからないのです。これこそ物理学の最大のミステリーの一つで、人間の理解を越えてひょっこり現れた「魔法の数」です。みなさんはこれはきっと「神の手」によって書かれたので、「神がどのように鉛筆を動かしたのかはわからない」と言われるかもしれません。私たちは、実験でこの数を精密に測定するにはどんな「ダンスのステップ」をふめばよいかは知っているものの、この数を導き出すにはコンピュータ上でどんな「舞いの手」を使えばいいのか(こっそりこの数を打ちこんでおくようなことでもしない限りは)わかりません。

ある説によれば、eは3の平方根を2πの自乗で割ったものであるとか言うかもしれません。今までにもeの正体についてはいろいろな説が出ましたが、どれ一つ役に立ちませんでした。まず第一にアーサー・エディントンという人が純粋理論によって、物理学者が満足する数は正確に一三六以外にあり得ないと証明しました。この一三六とは当時実験で測定されていた値です。ところがその後もっと精確な実験で、この値は実は一三七に近いとわかってきたところ、エディントンは前の理論にちょっとした誤りがあることを発見し、驚いたことにまたもや純粋理論によって、その数は一三七という整数であると証明して見せたのです! ときたまπや自然対数の底eとか、二や五とかの組合せでこの不思議な結合定数が出てくることに気づく人が現れるのですが、このように算数で遊ぶ人もπやeなどからはいくらでも数がひねり出せることには気づかないようです。そういうわけで、現代物理学の歴史を通し、eを小数点以下何桁も正しく導き出したとする人々の論文が、ひきもきらずに発表されてきましたが、いつも少し実験が改善されると合わなくなってしまうのです。

現在では j の計算をするのにいささか奇妙な過程に頼らざるを得ませんが、いつか必ず j と e との間に筋の通った数学的関係が発見されるに違いありません。そうなると今度は j が神秘的な数となり、それから e が出てくるということになるでしょう。するとまた、いうなれば「素手で」この j を計算する方法を教えてくれる論文がひとしきり乱出し、j は1を4で割って π をかければ出るなどという説が提唱されるかもしれません。

以上が量子電磁力学に関する問題点の総まくりです。

この講演シリーズを計画したときには、私たちがよく知りぬいている物理学の部分だけに集中して充分に説明しよう、それ以上は何も言うまいと思っていました。しかしここまで来た以上、教授である私は(教授とはちょうどいいところで話を止められない悪癖をもっている人種ですから)、どうしても物理学のほかの部分も話さずにはいられなくなってしまいました。

まず最初にことわっておきたいのですが、物理学の他の部分は電気力学ほど徹底的には検証されつくしていないのです。ですから今からお話することの中には、かなり的を射た予想や、部分的には検証済みの理論もあり、またまったくの推測も入っています。したがって今までの講演に比べ、雑然として不完全で、細かい点の説明ができないものが多いと思います。それでもなお量子電磁力学理論の体系は物理の他の部分のさまざまな現象を説明するにあたり、立派な基礎をなすのです。

それではまず原子核を構成する陽子と中性子の話から始めることにしましょう。発見当時は陽子も中性子も単純な粒子だと考えられていました。しかしまもなくことはそんなに簡単ではないことがわかってきました。この場合の簡単とは一点から他の点へと進む振幅が、nをある異なった数と入れ換えるだけで、E(AからBへ)の式で説明できるという意味です。たとえば陽子の磁気モーメントは、電子と同じやり方で計算すれば一に近い数になるはずです。ところが実験で測定してみると二・七九などというまったく見当違いの数が出るのです。したがって量子電磁力学の方程式の中では考えに入れられていない何かが、陽子の中で起っていることがすぐにわかったわけです。しかも電気的に真の中性であるなら磁気作用など持つはずのない中性子の方も、約マイナス一・九三という磁気モーメントを持っているのです！　つまりかなり昔から、陽子だけでなく中性子の中でも、何やら怪しげなことが起っていることがわかっていたのです。

それにまた原子核の中で何が陽子と中性子を結びつけているのかという謎もあります。この問題が出てすぐ、それが絶対に光子交換によるものではないことはわかりました。原子核を一つにまとめている力はずっと強いからです。原子核をぶちこわすに必要なエネルギーと原子中の電子をはじきだすに要するエネルギーの比は、ちょうど原子爆弾とダイナマイトの破壊力の比と同じように大差があります。ダイナマイトの爆発は電子の配列の並びかえによるのに対し、原子爆弾の爆発は陽子と中性子の配列の変化によるのです。

何がいったい原子核を一つに結びつけているのかを探るため、高いエネルギーの陽子を原子核にぶっつける実験が無数に行なわれました。その結果陽子と中性子だけしか出てこないだろうと予想されていたのですが、エネルギーが充分に高くなると未知の新しい粒子が出てきはじめたのです！　まずパイ中間子、次にラムダ粒子、続いてシグマ粒子、ロー中間子、という風で、ついには名をつけようにもギリシア語のアルファベットが足りなくなるというありさまでした。さらに今度はシグマ1190だのシグマ1386だのという数(質量)のついた粒子が出てきはじめたのです。やがてこの世界にある粒子の種類には切りがないこと、それは原子核をぶちこわすのに使うエネルギーが高くなるといくらでも増えてくることが明らかになってきました。今までにわかっているだけでも粒子の種類は四〇〇余りということになっていますが、四〇〇種以上もの粒子など、あまりにも複雑すぎます。[*2]

＊2　高エネルギーを使った実験では、原子核から多数の粒子が出てくるが、低エネルギー(つまりもっと普通の条件)の実験では、原子核の中には陽子と中性子しか見つからない。

マレー・ゲル－マンのような偉い発明家たちは、何とかこの粒子全部に共通のふるまい

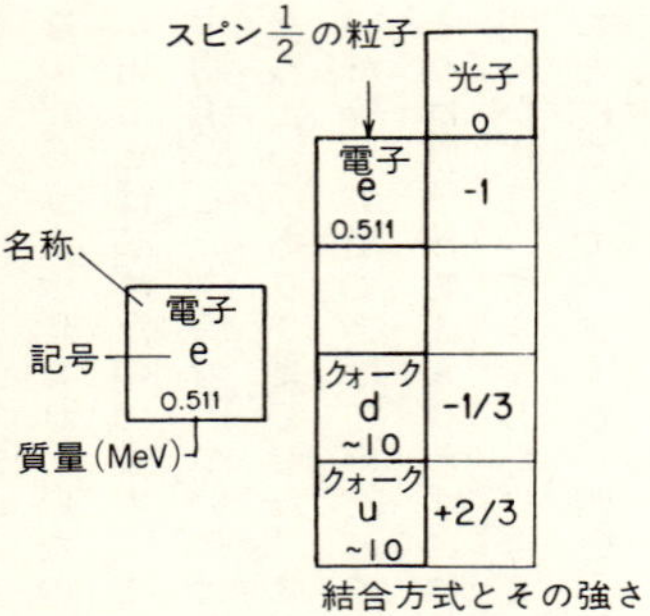

図 79　世界に存在する全粒子の表は，まずスピン 1/2 の粒子から始まる．スピン 1/2 の粒子には，電子(質量 0.511 MeV)と，d と u という 2 種類の「香り」を持つクォーク(どちらも 10 MeV ぐらいの質量を持つ)とがある．電子もクォークも「電荷」を持っている．言いかえれば，それぞれ(結合定数 $-j$ を単位として) -1，$-1/3$，$+2/3$ という強さで光子と結合する．

を規定する法則を見つけ出そうと、やっきになって努力しましたが、その結果一九七〇年代初頭、「クォーク」と名付けられた粒子が主役を演じる強い相互作用の量子論(量子色力学、またはQCD)が生れました。クォークが集ってできる粒子はすべて二種類に分類され、陽子や中性子のように三つのクォークから成っているもの(これは「バリオン」という、そらおそろしい名で呼ばれています)と、パイ中間子のように一個のクォークと一個の反クォークから成っていて、「メソン(中間子)」と呼ばれている粒子とがあります。

それではひとつ、現在までにわかっ

ている基本粒子の表を作ってみることにしましょう(図79)。まずスピン1/2粒子と呼ばれ、E(AからBへ)の式にしたがって一点から他の点に行く粒子から始めます。電子の場合と同じ偏極の法則によって修正されるこれらの粒子の第一はもちろん電子で、その質量は私たちが常時使っているメガ電子ボルト[*3](一〇〇万電子ボルト、MeV)と呼ばれる単位で〇・五一一となっています。

＊3　1メガ電子ボルトという単位は、このような粒子の単位としてふさわしく、質量に換算して1.78×10^{-27}グラムと非常に小さい。

電子の下は(後で書きこむため)一欄あけておき、その下にはdとuという二種のクォークを記入します。これらのクォークの質量は正確には知られていませんが、一応それぞれ10メガ電子ボルトぐらいだと推定されています。(中性子は陽子より心もち重いのですが、この事実はまもなくわかるように、dクォークがuクォークより少し重いことを表わしているもののようです。)

各粒子の横にはその電荷、すなわち光子と結合するときの結合定数を、符号を逆にして$-j$を単位に書きこむことにします。その結果電子の電荷は、ベンジャミン・フランクリン以来ずっと従ってきたしきたり通りの-1ということになります。dクォークが光子と結合

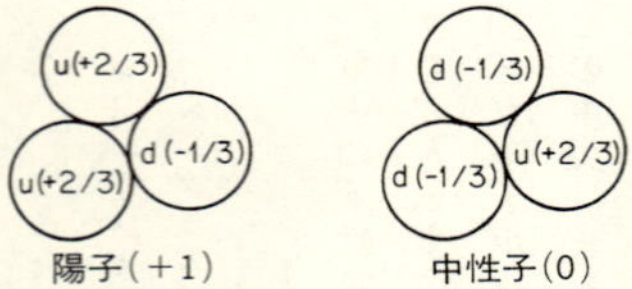

図80　クォークから成る粒子は，すべて二つのグループのどちらかに属している．一つはクォークと反クォークから成り，今一つは3個のクォークから成る．後者のいちばん身近な例が陽子と中性子である．dとuのクォークの電荷の組合せから，陽子の電荷は+1，中性子の電荷は0となる．陽子にせよ中性子にせよ，中で電荷を帯びた粒子がぐるぐる回っているという事実を考えれば，陽子の磁気モーメントが1よりも高かったり，中性であるはずの中性子が磁気モーメントを持っている事実も理解できるはずである．

する振幅は−1/3、uクォークでは+2/3です。(かのベンジャミン・フランクリンがもしクォークの存在を知っていたとしたら、電子の電荷を少なくとも−3ぐらいにしていたのかもしれません。)

さて陽子の電荷は+1、中性子の電荷は0です。これらの数字を少しばかりひねってみると、三個のクォークから成る陽子はuクォーク二個とdクォーク一個から成り、これも三個のクォークから成る中性子の方はu一個、d二個のクォークを持っているに違いないことがわかってきます(図80)。

それにしてもいったい何がクォークどもを結びつけているのでしょうか？　クォーク同士の間を行ったり来たりしている光子が、これらを結びつける役目をしているのでしょうか？　(dクォークは−1/3、uクォークは+2/3という風に、クォークもそれぞれ電荷を持っているので、電子と同じく光子を吸収した

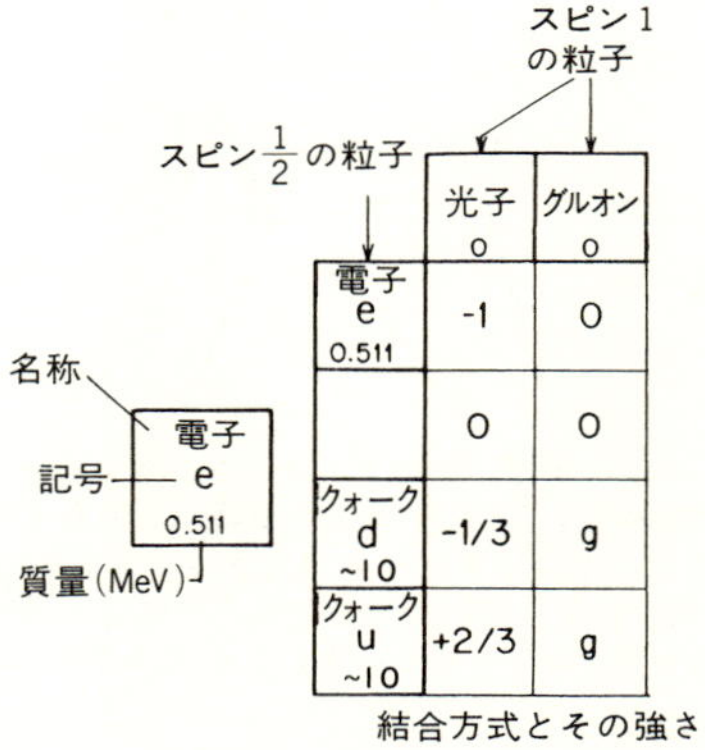

	スピン$\frac{1}{2}$の粒子	スピン1の粒子	
		光子 0	グルオン 0
電子 e 0.511		-1	0
		0	0
クォーク d ~10		-1/3	g
クォーク u ~10		+2/3	g

結合方式とその強さ

名称 — 電子

質量(MeV)

図 81 グルオンはクォークを結びつけて陽子や中性子を作り上げるもので，間接的には原子核中で陽子と中性子を結びつける要因となっている．グルオンは電気力などよりずっと強い力でクォークを結びつけており，その結合定数 g は j よりはるかに大きい．したがって結合を含む項の計算はたいへん難しいものとなる．今のところのぞみ得る計算精度は 10% 程度しかない．

り放出したりするのです。）いやどうもそうではなさそうです。このような電気力は弱すぎて、とうていクォークを結びつける力はありません。クォークの間を往復して結びつけておくために考えだされた、もっと別な粒子があるのです。この粒子は「グルオン[*4]（膠着子）」と呼ばれ、光子と同じく「スピン1」と呼ばれている種類の粒子の一つです。このグルオンは、光子の場合とまったく同じ公式 P(AからBへ)によって決る振幅で一点から他の点へと動きます。グルオンがクォークによって放出されたり吸収されたりする振幅は、

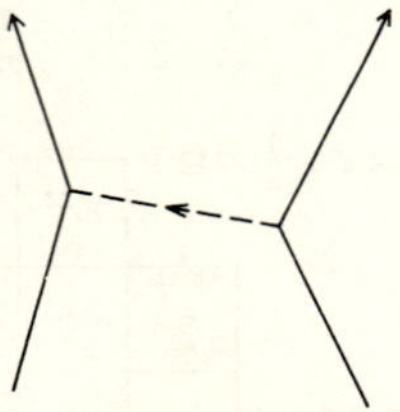

図 82　2個のクォークが1個のグルオンを交換する方法の一つを表わす図は，2個の電子が1個の光子を交換する場合とあまりにもよく似ているので，中性子や陽子の中でクォークを結びつけている「強い相互作用」に量子電磁力学の理論をそのまま当てはめたのではないかと思われるほどである．実を言えばほぼその通りである．

jよりはるかに大きいもう一つの謎の数、gによって表わされます(図81)。

＊4　粒子の名前に注意されたい。「光子(フォトン)」はギリシア語の光という言葉からきており、「電子(エレクトロン)」もやはりギリシア語で、電気の始まりであるコハク(静電気を発する—訳注)からきている。ところが現代物理学の発展にしたがって新しく登場した粒子の名前を見れば、古典ギリシア語への関心がだんだん薄れてゆくさまを見ることができる。「グルオン」に至っては、まさに粒子の名も地に墜ちた感がある。「グルオン」がなぜグルオン(膠着子)と名付けられたのかは考えるまでもないだろう(グルーとは接着剤のこと—訳注)。実はdもuもそれぞれちゃんとした言葉の略語なのだが、読者を混乱させないように本文では使わなかった。uクォークは「up」の略だが、だからといってなにもdよりも「上」であるわけはないし、dも「down」の略だからといってuより下というわけでは

ない。ちなみにクォークの「dらしさ」や「uらしさ」は「香り」と呼ばれている。

クォークがグルオンを交換するありさまを表わす図は、電子が光子を交換する場合のものと非常によく似ています(図82)。あんまりよく似ているので、皆さんは何だ、物理学者ともあろうものが、実は何の想像力もなくて、ただ強い相互作用に量子電磁力学の理論をそのまま当てはめただけじゃないか、と思うかもしれませんが、実はその通りなのです。ただちょっとひとひねりしてあるだけです。

クォークの偏極にはもう一種、幾何学には関係のない偏極があります。もはやすてきなギリシア語の名前を思いつくことのできない間抜けな物理学者どもは、この偏極を「色」などというおよそ始末におえない名前で呼ぶことにしたのですが、このクォークの「色」は、普通にいう色とはぜんぜん関係がありません。ある特定のときにクォークは、R、G、B(これが何の略字だか当ててみてください)という三つの「色(状態)」のどれか一つになっています。この「色」は、クォークがグルオンを放出または吸収すると変り、グルオンの方には、それが結合する「色」に合せて八つの異なったタイプがあります。たとえば赤いクォークが緑に変ると、これは赤-反緑グルオンを一個放出するのですが、このグルオンはクォークから赤を取ってその代りに緑を与えるのです(「反緑」とは、グルオンが反対の方向に緑を運んで行くという意味)。このグルオンは緑のクォークに吸収されることができ、このグルオンを吸収したクォークは赤に変ります(図83)。グルオンには、たとえば赤-反赤、赤-反青、赤-反緑など八通りあります。(普通なら九通りのはずですが、ある技術的理由から一通りだけぬけるのです。)この理論はそんなに複雑なものではありません。グルオンに関する全法則は、「グルオンは色のあるものと結合する」という一句に尽きます。ただしその「色」がどっちの方向に行くのかちゃんと記帳する必要があるだけのことです。

ところがこの法則からはなかなか面白い可能性が生れてきます。つまりグルオンは他のグルオンと結合することもあるのです(図84)。たとえば緑-反青のグルオンが、赤-反緑のグルオンにめぐり合うと、その結果赤-反青のグルオンが生れます。グルオンの法則はまったく単純なもので、単に図を描き、その「色」をたどりさえすればよいのです。どの図についても結合の強さは、グルオンの結合定数 g によって決ります。

グルオン理論は、形の上では量子電磁力学とたいした違いはありません。しかし実験の結果と比較すればどうでしょうか? たとえば測定された陽子の磁気モーメントと、この理論で計算された値とは一致するでしょうか?

実験はたいへん正確なもので、これによると磁気モーメントは二・七九二七五と出てい

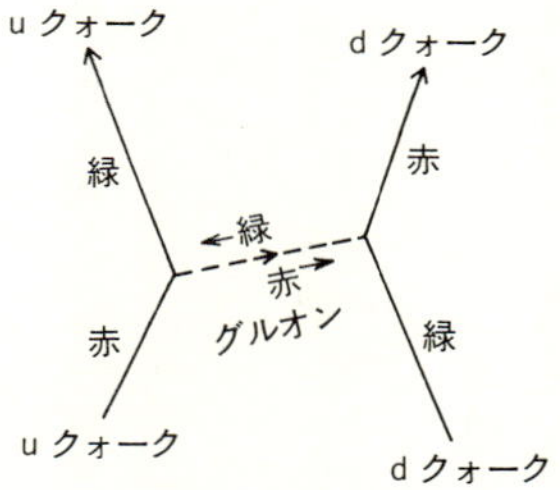

図 83　グルオンの理論が量子電磁力学と違うところは，グルオンが「色のついた(赤，緑，青の三つの状態があり得る)」ものと結合することである．この図では赤い u クォークが赤-反緑のグルオンを放出することによって緑に変るが，このグルオンが緑の d クォークに吸収されると緑のクォークは赤に変る．(「色」が時間を後戻りの向きに運ばれているときは，反赤というふうに「反」という字をつける．)

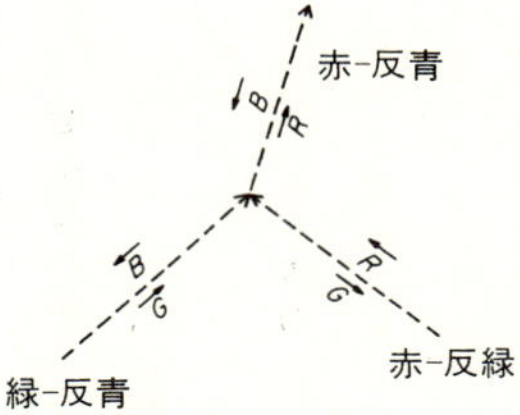

図 84　グルオンは自分自身「色」があるので，互いに結合することができる．ここに示した図では，緑-反青グルオンが赤-反緑グルオンと結合して，赤-反青グルオンを作る．グルオン理論は，単に色をたどって行けばいいわけで，非常にわかりやすい．

ます。一方理論計算は、いくらがんばっても二・七±〇・三というところまでしか出せませんが、かなり楽観的な見方をすれば、この解析は誤差ほぼ一〇％の精度をもつと言えます。それでも実験と比べるとその正確さの一万分の一と大幅に落ちるのです！　せっかく陽子や中性子の性質を全部説明できるはずの簡単明瞭で確実な理論があるというのに、それに伴う「数学」があまりにも難し過ぎるため、満足な計算すらできないというわけです。(私が現在何を計算中か察しがついたと思いますが、ぜんぜん捗っていないのが現状です。) なぜ正確な計算ができないかと言いますと、グルオンの結合定数gが、電子の場合に比べてはるかに大きいからです。二個、四個、いや六個もの結合を含む項すら、主になる振幅に対する補正どころでなく、かなり大きな「貢献」をするので、無視するわけにはいかないのです。こうしてあまりにもたくさんの可能性を表わす矢印があるので、いざこれをまとめて最終矢印を作ろうにも、どうしてもうまくできないのです。

本を見ると、科学というのは簡単なものであるとよく書いてあります。まず理論を作りあげ、これを実験の結果と比べればよい。もしその理論でうまくいかなければこれをあっさり棄てて、また新しい理論を作ればよろしい。ところが今の場合はちゃんとした理論があり、何百もの実験がなされているというのに、この二つを比較することができないのです！　これは物理学の歴史が始まってこのかた、一度も起ったことのない事態と言えます。

つまり莫大な数の小さな矢印の下じきになり、どうしてもその計算法を作り出すことができず、一時的にせよ完全に閉じこめられているのです。

このように計算(量的問題)では大いに難渋しているわけですが、量子色力学(クォークとグルオンの強い相互作用)の質的な点については、少しわかってきました。たとえば私たちの眼に触れる、クォークでできた物はすべて「無色」であるということ、三個のクォークのグループには各色のクォークが一個ずつ含まれるということ、クォーク‐反クォークの対は赤‐反赤、緑‐反緑、または青‐反青の振幅を均等にもつということなどです。さらになぜクォークが個々に独立した粒子として作り出されないのか、どんなに高いエネルギーを陽子に与えて、原子核にぶっつけても、クォークが一つ一つばらばらには出てこず、必ず中間子とバリオン(クォーク‐反クォークの対や、三個のクォークから成るグループ)が飛び出してくるのか、ということもわかっています。

むろん量子色力学と量子電磁力学だけが物理学のすべてではありませんが、これらの理論によれば、クォークはその「香り」を変えることはできません。はじめuクォークだったものはあくまでもuクォーク、dクォークはいつまでもdクォークです。ところが自然は、ときには違ったふるまいをすることがあるのです。放射能の中には、ゆっくりと起きるベータ崩壊と呼ばれるものがありますが、これこそ原子力発電所から洩れるのではないかと人々が心配している放射能のタイプです。このベータ崩壊では中性子が陽子に変るのです。中性子がd型クォーク二個とu型クォーク一個から成っている一方、陽子はu型クォーク二個、d型クォーク一個から成っているわけですから、実際には中性子のd型クォークの一つがu型に変っていることは確かです(図85)。それはどのようにして起るのでしょうか。まずdクォークがWと呼ばれる、光子に似た新しい粒子を放出します。このWは、電子一個と反ニュートリノ(時間を後戻りして進むニュートリノ)と呼ばれる新しい粒子一個と結合します。ニュートリノ(中性微子)は(電子やクォークと同じく)スピン1/2型粒子の一つですが、質量もなければ電荷も持っていません(つまり光子とも相互作用しないことになります)。このニュートリノはグルオンとも作用し合わず、ただWと結合するだけです(図86)。

Wは(光子やグルオンと同じく)スピン1型粒子で、クォークの「香り」を変え、その電荷を変える性質を持っています。たとえば−1/3の電荷を持つdは、差が−1の電荷+2/3を持ったu型クォークになるわけです。(ただしクォークの色は変りません。)Wマイナス(W⁻)は−1の電荷(その反粒子であるWプラス(W⁺)は電荷+1)を持っているので、光子とも結合することができます。ベータ崩壊は、光子と電子の相互作用などよりはるかに長い時間がかかるので、Wは光子やグルオンと違って非常に大きい質量(約八万メガ電子ボルト)を持ってい

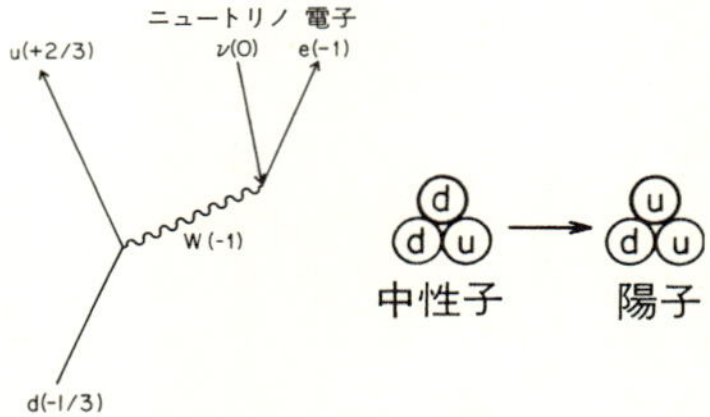

図 85　中性子が崩壊して陽子になるのは(この過程はベータ崩壊と呼ばれる)，単に1個のクォークの「香り」がdからuに変り，電子と反ニュートリノが1個ずつ出てくるという変化のためである．この過程は比較的ゆっくり起るので，質量が非常に大きく(約80,000 MeV)，電荷が−1という中間粒子(W中間ボゾンまたはWボゾンと呼ばれる)の存在が提唱されている．

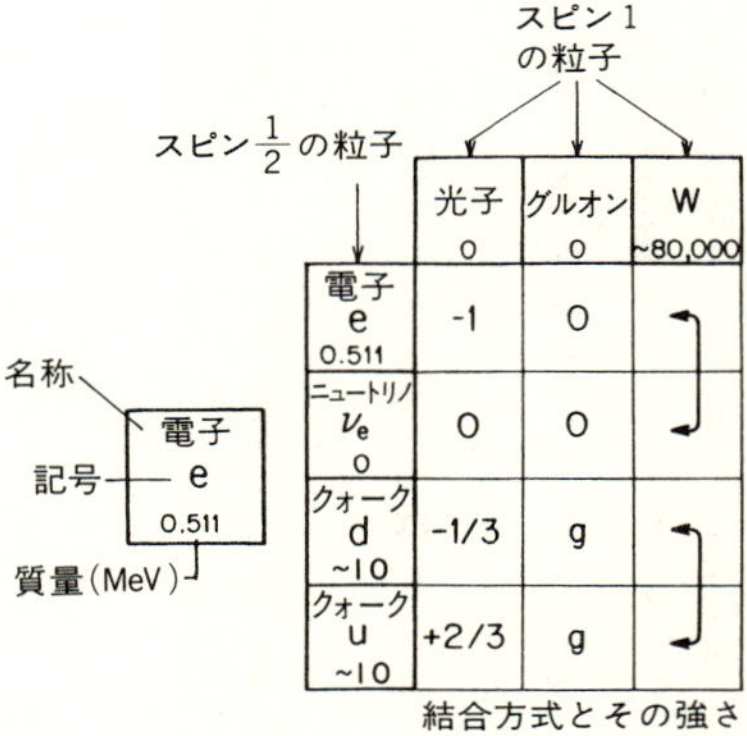

	光子 0	グルオン 0	W ~80,000
電子 e 0.511	-1	0	
ニュートリノ ν_e 0	0	0	
クォーク d ~10	-1/3	g	
クォーク u ~10	+2/3	g	

結合方式とその強さ

スピン$\frac{1}{2}$の粒子

スピン1の粒子

図 86　Wは電子およびニュートリノとも，dおよびuクォークとも結合する．

るのだろうと考えられています。そのように大きい質量の粒子を一個はじき出すには非常に大きなエネルギーが必要なため、今のところまだWそのものを見た者は一人もありません。[*5]

＊5　この講演がすんでのち、Wそのものを作り出すに充分な高エネルギーを出すことができるようになり、その質量が測定されたが、理論で予測された数値と非常に近い値が得られている。

そのほかにもう一つ、電気的に中性なWと考えることのできるZ^0とよばれる粒子があります。このZ^0はクォークの電荷は変えませんが、dクォーク一個、uクォーク一個、電子一個、またはニュートリノ一個と結合します(図87)。この相互作用は「中性カレント過程」という、どうも誤解のもとになりやすい名前で呼ばれています。二、三年前にこの中性カレント過程が発見されたときは、大きな興奮の渦を巻きおこしたものです。

このWの理論は、三種類のWの間の結合があり得ると考えさえすれば、たいへんすっきりした理論です(図88)。Wについて測定された結合定数は光子のものとほぼ同じで、だいたいjに近いものです。これを言いかえれば、三つのWも光子も同じものの異なった局面にすぎない可能性があるということになります。スティーブン・ワインバーグとアブダス・サラムは、量子電磁力学といわゆる「弱い相互作用」(Wとの相互作用)を一つの量子

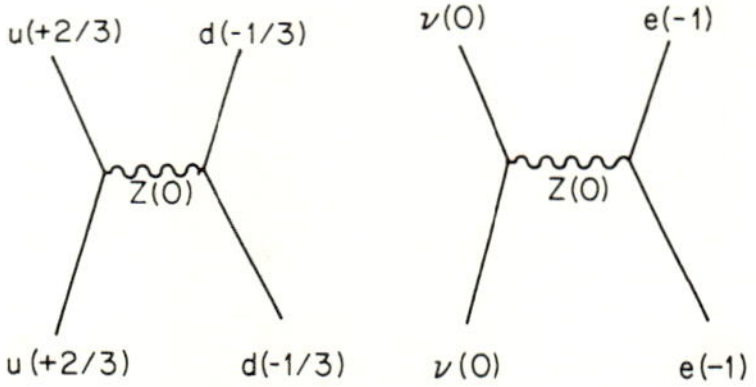

図 87　粒子の電荷が変化しないときは，Wもまた電荷を持たない(この場合はZ^0と呼ばれる)．このような相互作用は「中性カレント過程」と呼ばれるが，ここにあげたのはその例二つである．

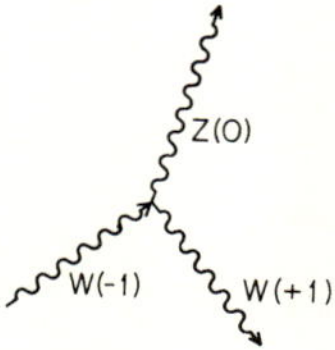

図 88　W^-とその反粒子(W^+)および中性のW(すなわちZ^0)の結合は可能である．Wの結合定数はjに近く，このことからWと光子とは，同じものの異なった局面ではないかと考えられる．

論に統一しようと考え、実際にまとめてのけました。しかし今のところこの理論は一目でその「つぎめ」が目立つという段階です。光子と三つのWとがつながりを持っているのは明らかですが、現在の理解のレベルでは、その関係がはっきり見通せないのです。この理論はまだ良く練られていないので、どうしてもしっくりしませんが、これがよく練りあげられれば、もっときれいな、言いかえればもっと正しい理論になるはずです。

　さてそうしてみると、量子論には三つの主なタイプの相互作用があります。クォークとグルオンの間の

「強い相互作用」、Wの「弱い相互作用」、そして光子の「電磁相互作用」です。この世界に存在する粒子は(今までお話してきた概観図によれば)、クォーク(uとdという「香り」と、それに三つの「色」がある)、グルオン(R、G、Bの八つの組合せから成る)、W(±1と0の電荷を持つ)、ニュートリノ、電子、そして光子だけということになります。つまり六つの異なったタイプに属する二〇ばかりの粒子(およびそれぞれの反粒子)です。粒子がたった二〇ならそんなにたいへんとは思えません。ところがそれだけではないのです。

原子核に陽子をぶっつけるエネルギーをだんだん高くしていきますと、出るわ出るわ続々といろいろな新しい粒子が出てきはじめたのです。その中にはミュオン(ミュー粒子)と呼ばれるものがありますが、これは質量が電子の〇・五一一メガ電子ボルトに比べずっと大きく、一〇五・八メガ電子ボルトであるということを除いては、電子とまったく同じという粒子です。つまり電子の質量の二〇六倍なのですが、まるで神が質量にちょいと違う数字を使ってみたくなったとでもいう感じがします。このミュー粒子の性質は、すべて量子電磁力学で説明ができます。結合定数 j も同じで E(AからBへ)の式もまったく同じ、ただ n に異なった値を使えばよいだけです。[*6]

＊6 ミュー粒子の磁気モーメントは非常に正確に測定され、一・〇〇一一六五九二四(誤差は末尾の桁について9)ということがわかっている。一方電子の磁気モーメントは、一・〇〇一一五九六五

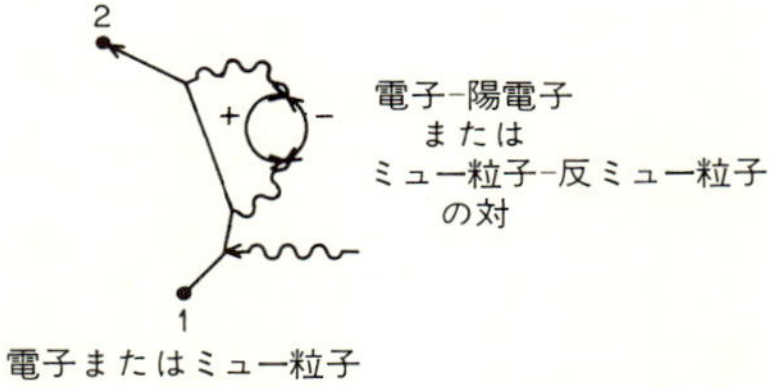

図 89　さらに高いエネルギーの陽子を原子核にぶつけると，新しい粒子が続々と現れる．その新しい粒子の一つがミュー粒子(重い電子)である．ミュー粒子の相互作用を説明する理論は，E(A から B へ)にもっと高い値の n を使うことを除いては，電子の場合とまったく同じである．ただしミュー粒子の磁気モーメントは次の二つの場合の間にある差のため，電子の磁気モーメントと少し異なる．第 1 に電子が光子を放出し，その光子が崩壊して電子−陽電子，あるいはミュー粒子−反ミュー粒子対になる場合は電子の質量に近いか，それより重い対を作ることになる．第 2 はミュー粒子が放出した光子が，陽電子−電子またはミュー粒子−反ミュー粒子対に崩壊する場合で，この対はミュー粒子の質量に近いか，軽いかである．このわずかな違いは，実験によって確認されている．

二二一（誤差は末尾の桁について3）である。読者の中にはミュー粒子の磁気モーメントが、なぜ電子のものよりわずかに高いのか不思議に思う人もあるかもしれない。ここに電子が光子を放出し、放出された光子が崩壊して陽電子‐電子対を作る図を一つ示す（図89）。このほかにも放出された光子が、ミュー粒子‐反ミュー粒子対を作るという可能性もあるが、この対はもとの電子より重い。一方ミュー粒子が光子を放出し、その光子が陽電子‐電子対を作るとすると（ミュー粒子‐反ミュー粒子の対であれば電荷は元と変りないが）、この対の方はもとのミュー粒子より軽い。このように量子電磁力学は電子だけでなく、ミュー粒子の電気的性質も一つ残らず正確に説明することができる。

ミュー粒子の質量は電子の質量の二〇〇倍ほどもあるので、その「ストップ・ウォッチの針」は、電子の場合に比べて二〇〇倍もの速さで回ることになります。おかげで私たちは、今までのテストできる範囲より二〇〇分の一も小さい距離についても、量子電磁力学がその理論通りにふるまうかどうかテストできるようになりました。もちろん小さいとはいっても、やっぱりこの理論がそれだけでは「無限大」の難題にひっかかりはじめる距離に比べれば、まだまだ八〇桁以上大きいのですが(182ページの注参照)。

さてここで、ミュー粒子もまたベータ崩壊のような放射性崩壊の過程にかかわり得るかどうかを考えてみましょう。たとえばdクォークがWを放出してuクォークに変るとき、このWが電子とでなくミュー粒子と結合することがあるでしょうか。その答は「イエス」です。図90を見てください。ところで反ニュートリノはどうなるのでしょう? Wがミュー粒子と結合する場合には、ミュー・ニュートリノと称する粒子が普通のニュートリノに取って代ります。(普通のニュートリノを、電子・ニュートリノと呼ぶことにします。)したがって私たちの粒子の表には、電子とニュートリノの次に、ミュー粒子とミュー・ニュートリノの二つが追加されたわけです。

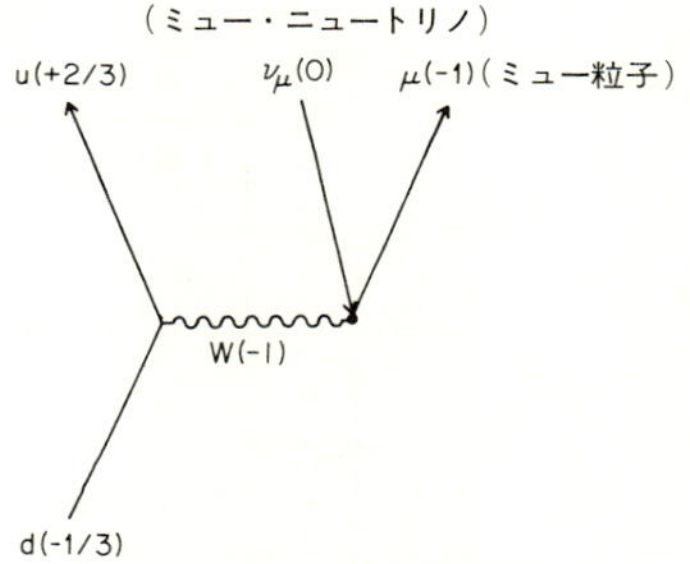

図 90　W は電子の代りにミュー粒子を放出する振幅を持つ．この場合，ミュー・ニュートリノが，電子・ニュートリノに取って代る．

それにしてもクォークの方はどうでしょうか？uやdよりもっと重いクォークから成る粒子があることは、かなり昔からわかっていました。そこで基本粒子表にはs（ストレンジ（奇妙な）の頭文字）と呼ばれる第三のクォークが入れてあったのですが、sクォークの質量は、uクォークやdクォークの約一〇メガ電子ボルトに比べ、二〇〇メガ電子ボルトという大きなものです。

こうして私たちは長い間、クォークにはu、d、sと言う三つの「香り」しかないと思いこんでいたのですが、一九七四年にまたもや新しく、前の三つのクォークからは割り出せないプサイ（ψ）中間子と呼ばれる新粒子が発見されました。もともと理論的には、uとdクォークが結合するのと同じように、Wを出すことによりsクォークと結合する第四のクォークがあるはずだという有力な説があったのです

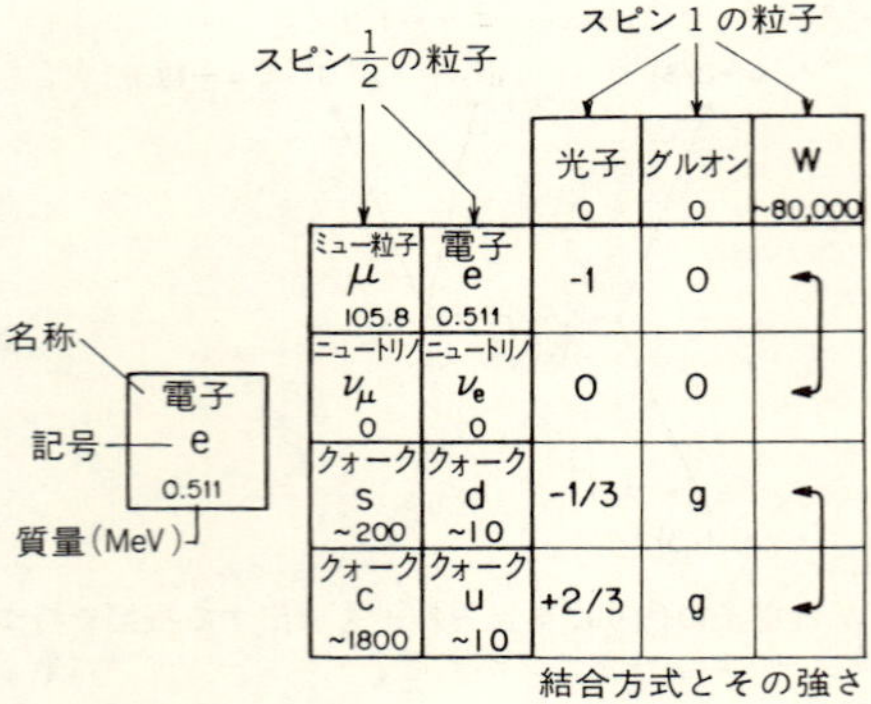

図91　自然はどうもスピン1/2の粒子を繰り返し作り出しているように見える．ミュー粒子とミュー・ニュートリノに加え，sとcという2個の新しいクォークが発見されたが，その隣の欄のクォークに比べると，電荷は同じなのに，質量の方ははるかに大きい．

(図91)。このクォークの「香り」はcと呼ばれていますが、このcという名が何から取られたものかなど、とてもお話する勇気はありません。皆さんの中には新聞で読んで知っている人もあるかと思います。とにかく新しいクォークに付けられる名前は、ますますひどくなるばかりです！

このようにまったく同じ性質を持っているのに、質量が大きい点だけが違う粒子が繰り返し出現することはまったくのミステリーです。同じパターンがふしぎと重複されるのはいったいなぜなのか？　ミュー粒子が発見されたとき、I・I・ラービ教授が叫んだように、「いったい誰がこんなものを注文したのだ?」と言いたくなります。

しかも最近になってこの表はもう一度繰り返されはじめたのです。実験するエネルギーがだんだん高くなるにつれ、まるで自然が私たちに薬を盛り、頭を混乱させようとばかり、粒子をどんどん追加しているかのようです。こんなことを皆さんにお話するのも、世界が実際にどんなに複雑に見えるものかを、理解していただきたいと思ったからです。世界の全現象の九九%までが電子と光子で解決できたのだから、あとの一%の現象を説明するのには今までの粒子にその一%ほどの新粒子を追加するだけでよいだろうといった印象を与えていたとしたら、それはとんでもないことです! なにしろ、一〇倍、二〇倍もの粒子を追加しなくては、残る一%の現象の説明がつかないのですから。

そういうわけでさらに高いエネルギーを使った実験から、新しくもっと重い電子「タウ」が発見されました。その質量は約一八〇〇メガ電子ボルトというもので、陽子二個分もの重さがあるのです! これに続き、タウ・ニュートリノの存在も推論されました。さらに今度はクォークにも新しい「香り」があるらしいことを示唆する奇妙な粒子も発見されています。この香りには「ビューティ(美しさ)」の頭文字をとって「b」という名がつけられましたが、このbクォークは−1/3の電荷を持っています(図92)。ここでひとつ皆さんに基礎理論物理学の権威になったつもりで、ちょっと予言していただきたいと思います。

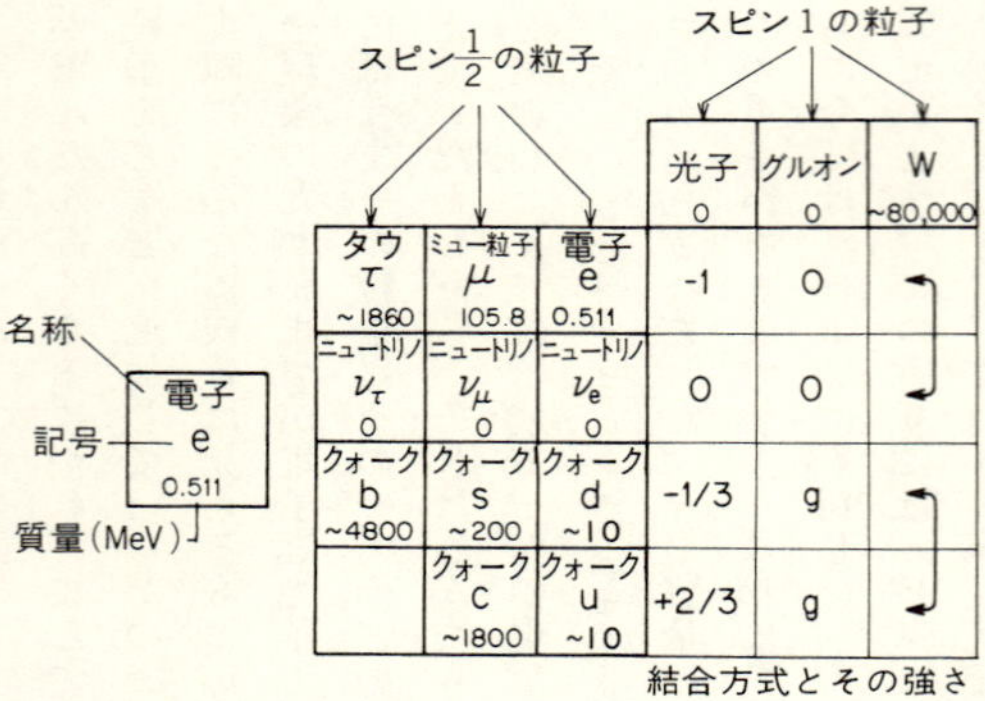

図 92　またもやクォークが追加された．さらに高いエネルギーを使うと，新しくスピン 1/2 粒子が繰り返される．この繰り返しの欄は新しい香りのクォークの存在を示す粒子が，もう 1 個発見されればひとまず完結する．その間さらに高いエネルギーを使って，新しい繰り返しのいとぐちを探す準備が始まっている．なぜこのような繰り返しが起るのか，原因はすべて謎に包まれている．

新しい「香り」のクォークが発見され、それは(「　」の頭文字をとって)「　」と呼ばれることになるであろう。このクォークの電荷は「　」で、質量は「　」メガ電子ボルトである。するとそのとおりのクォークがほんとうに現れかねないのです。[*7]

＊7　この講演ののち、質量が四万メガ電子ボルトと非常に大きい「t」クォークが存在するらしい証拠が発見されている。(この報告は一年後に撤回されたが、一九九五年になり、一七万メガ電子ボルトの質量をもつ「t」クォークが発見された—訳注)

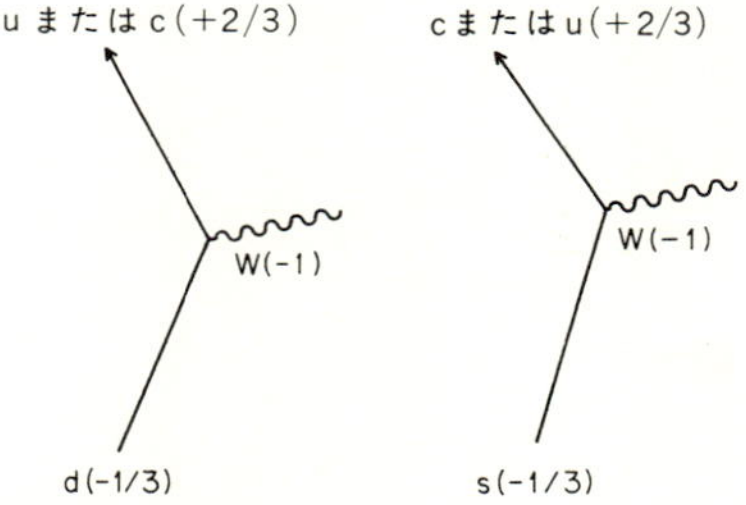

図 93　d クォークは W を放出して u に変る代りに，c クォークになる振幅も持っている．また s クォークは W を放出して c クォークに変る代りに，u クォークになる小さな振幅を持つ．これから見ると W は，クォークの香りを表の中の一つの欄から他の欄へと変えることができるようである(図 92 の表参照)．

その間にも、新しい繰り返しのサイクルが始まるかどうかを探る実験が進められています。現在タウよりももっと重い電子を探すための加速器が作られているところですが、もしこの予想上の粒子の質量が一〇万メガ電子ボルトであれば、作り出すのはとても無理でしょう。しかし四万メガ電子ボルトぐらいなら、何とか作れるかもしれません。

自然はこのようなまったくすばらしいパズルを与えてくれます。このサイクルの繰り返しのような謎のおかげで、理論物理学者になるとたいへん面白い目を見ることができるわけです！　それにしても自然はなぜ二〇六倍と三六四〇倍のところで、電子を繰り返し作ったのでしょうか？　まったくふしぎな話です。

さて粒子について何もかも残らずお話するとすれば、もう一つだけ付け加えなくてはなりません。さきほどdクォークがWと結合してuクォークになると言いましたが、そのときuになる代りにcクォークに変るという振幅も、わずかながらあるのです(図93)。同様にuクォークはdクォークに変る代りに、sクォークに変る小さい振幅も持っており、もっとずっと小さいがbクォークに変る振幅も持っています。つまり、Wがちょっとばかり「へま」をやった結果、一つの欄のクォークが表の中の別の欄のクォークに変ることがあるということです。クォークがなぜこのように小さい割合ながら別種のクォークに変る振幅をもっているのかはまったくの謎です。

これで量子物理学の残りの部分の話は全部済んだわけですが、ごらんの通りまったくの混乱状態で、物理学自体が勝手に作り出した袋小路じゃないか、と言われるかもしれません。しかしこれは今始まったことではなく、自然はいつだって、どうしようもなく混乱しているように見えていたのです。しかし研究を進めるうちにあるパターンが見えはじめ、そこでまとめて理論化すると見通しがよくなり、物事がより単純になってくるものです。今私が披露した混乱状態にしたところで、一〇年前に四〇〇以上もの粒子の話をすることを思えば、混乱は混乱でもずっと規模が小さくなったわけです。

一〇年前ですらそうなのですから、今世紀初頭ごろの混沌たるありさまを、考えてみてください。その頃は熱、磁気、電気、光、X線、紫外線、屈折率、反射係数など、あらゆる物質のさまざまな性質が、ばらばらな姿で氾濫していたのですから、その混乱たるや想像に余るものがあります。しかし今こそそれらは一つの量子電磁力学という理論に統一されたのです。

ここで私がぜひ強調しておきたいことは、物理学の残りの部分に関する理論も、量子電磁力学の理論にたいへん似通ったものであるということです。すべてはスピン1/2の粒子(電子とかクォークとか)と、スピン1の粒子(光子やグルオン、Wなど)との間の相互作用という形を取るのです。そしてすべてはある事象の確率が一本の矢印の長さの自乗である、振幅の枠組の中で考えられるのです。なぜ物理の理論は、このように似通った構造をしているのでしょうか?

これにはいくつかの可能性が考えられます。まず第一は物理学者の想像力に限りがあることです。つまり私たちは新しい現象にぶつかると、これをすでにできあがった枠組にはめようとする。それが無理かどうかは、充分に実験をしてみるまではわからないわけですから、とにかく何とかして当てはめようとします。したがって一九八三年、UCLA(カリフォルニア大学ロサンゼルス校)でとんまな物理学者(ファインマン自身のこと──訳注)が「この現象はこのようにして理論で説明できます。理論というものはどれも見事に似通っているものではありませんか！」などと講演したとしても、それは自然がほんとうに似通っているからではなく、物理学者があいもかわらず同じことを考えるしか能がないからなのです。

今一つの可能性は、それがほんとうに変りばえもしないことの繰り返しであるということです。自然というものは一つしかやり方を持たず、ときどきこれを繰り返すものなのかもしれません。

第三の可能性は、一つのもののいろいろな局面を見ているために、ものが似通って見える場合です。それが部分的に分かれているため、ちょうど同じ手の異なった指のように違って見えてはいるが、背後にはすべてを包括する何か巨大な宇宙像のようなものがあるのではないか。目下おおぜいの物理学者たちが、すべてのものを統一し、一つのスーパーモデルにまとめあげようと苦心惨憺しています。これは実に面白いゲームなのですが、今のところそのすべてを包括した大自然像が何であるかについては、意見がてんでんばらばらで一向にまとまっていません。ですから私がこの連中の仮説は、皆さんが当てずっぽうにtクォークの存在を予想するのとたいして変りがないと言っても、それほどの誇張ではないのです。tクォークの質量の推測にしても（208ページの訳注参照）、彼らが皆さんより上だなどということはないことを私は断言できます！

ひとつ例をあげてみましょう。まず電子、ニュートリノ、dクォークおよびuクォークは、はじめの二つもあとの二つもWと結合するのですから、一まとめにできそうです。今のところではクォークは「色」か「香り」かを変えることしかできないということになっていますが、ひょっとしたらまだ発見されていない粒子と結合することで、クォークがニュートリノに崩壊するかもしれません。これはなかなか面白い着想ですが、そうなるといったいどういうことが起るでしょうか？　クォークが崩壊するということは、取りも直さず陽子が不安定だということを意味します。

そこで誰かが陽子は不安定であるという理論を作りあげたとしましょう。そして計算をしてみると、この宇宙から陽子が無くなっているはずだということになります！　そこで学者どもはまた数字をひねくり回し、新しい粒子をもっと高い質量にして計算をやり直します。さんざん苦労した末、ついこのあいだまでの測定で崩壊が観測されなかった事実と矛盾しないように、やや少ない崩壊率で陽子は崩壊すると予想します。

そのうちまた新しい実験がなされ、もっと精密に陽子の崩壊が求められると、今までの諸説はあわててこれに合うように修正されるというわけです。

最近行なわれた実験によれば、陽子はもっとも最近の諸説で予測された率より五倍も遅い率ですら崩壊しないという結果が出ています。そこで例の諸説はどうなったでしょうか。

すっかり灰に帰したかと思いのほか、もっと正確な実験でしか正否を調べられないような新しい調整を加えて、再び不死鳥のごとく立ちあがったではありませんか！　陽子が崩壊するかどうかはいまだにわかっていません。一方これが崩壊しないということを証明するのも至難のわざなのです。

今までの講演で私は、重力にはいっさい触れませんでした。なぜなら事物間の重力の影響は非常に微小で、二個の電子の間の電気力に比べると一にゼロが四〇個(ひょっとすると四一個かもしれません)ついた数《かず》分の一ほど小さいのです。物質中では原子核の近くに電子を引きつけておくだけのために、電気力の大部分が使われてしまっており、互いに相殺し合うプラスとマイナスとが非常にデリケートな均衡を保つ混合状態を作り出しています。ところが重力では力は引力だけですから、原子が増えるたびにどんどん強さを増していき、ついに私たち人間の体のようにものすごく大きな質量になってはじめて、惑星や人体などに対する重力の影響が測れるようになるのです。

重力は他の相互作用のどれよりもはるかに弱いため、今のところでは重力の量子論で予測される影響を測れるほどデリケートな実験をすることができません。[*8] ただしそれをテストする方法はなくても、グラヴィトン(重力子。「スピン２」と呼ばれる新種の偏極に分類される)や、その他の基本的粒子(中にはスピン3/2の粒子などもある)を含めた重力の量子論が一つならずあるのです。しかしその諸論の中のもっとも秀れたものでも、実際に発見されている粒子を包含できないのに、見つかってもいない粒子をやたらと「作り」出してしまうようなものです。重力の量子論も、結合を含む項には「無限大」が出てきますが、量子電磁力学の場合に「無限大」をしめ出すのに成功した例の変てこな過程(くりこみ)も、重力にはまったく役に立ちません。つまりいくら重力の量子論を裏付けようにも、実験もできず、理屈の通った理論すらないということになります。

＊8　アインシュタインをはじめ、いろいろな学者たちは、電磁力学と重力を一つに統一しようとしたが、どちらの理論も古典的近似にすぎなかった。言いかえれば、どれも間違っていたということである。その頃はどの理論も、今日私たちが必要性を痛感するようになった振幅という枠組を持っていなかったのである。

今までの話全体を通じて、ことに不満の残る点が一つあります。それは測定された粒子の質量 m です。この数を満足に説明できるような理論はぜんぜんありません。私たちはこの数をすべての理論に使ってはいるものの、いったいこれが何なのか、どこから出てくるのかはいっさいわかっていません。これは基本的な見地から非常に面白く、また深刻な問題だと私は思います。

こうした新しい粒子に関する予測的な話などで皆さんの頭を混乱させてしまったかもしれませんが、私は量子電磁力学以外の物理学の話を結ぶにあたり、振幅を使う枠組、計算すべき相互作用を表わす図、といった基本的な骨組が、良い理論の見本である量子電磁力学の構造とそっくりであることを、お見せしたかったのです。

一九八四年一一月校正時の付記

この講演シリーズ以来、実験で何やら意味ありげな事象が観測されたとの報告があり、今まで予想もされていなかった(したがってこの講演では触れていない)新しい粒子あるいは現象が、間もなく発見される可能性も考えられるようになってきました。

一九八五年四月校正時の付記

現在の時点では、右に述べた「何やら意味ありげな事象」は、間違いだったようです。しかし読者の皆さんがこの本を読むころには、状況がまた変ってきているに違いありません。物理学の世界では、出版界よりずっと速いスピードで、物事がくるくる変ってゆくのです。

訳者あとがき

何とも恐ろしい仕事を引き受けたものである。あれから二十年余、科学関係の私の訳書もそれだけ数が増えた今にして、その思いは変わらない。科学に直接縁のない私が、理論物理学はもとより聞いただけで気の遠くなりそうな量子電磁力学の本などを訳すことになったのには、いささかわけがあるのだ。

それまでに宮沢賢治の作品や地球物理の本の英訳を手がけてきたとはいえ、QEDともなれば私たち凡人の世界とは次元のかけはなれた分野だと、私はかたく信じていた。銀河鉄道やマグマなら何となく想像できるが、電子やクォークを目に浮かべるなどという離れわざができるわけがない。そうかたくなに思いこんでいた私は、家族ぐるみで親交のあった著者からこの本の邦訳の話をもちかけられたとき、思わず「ご冗談でしょう、ファインマン先生！」と叫んだのであった。

ところが先生はにこにこなさって「だからこそ君が訳すべきなんだよ。この本は科学に興味のある素人のために書いた本なんだから、ただ普通に物理学者が訳したのでは意味がない。学者はえてして難しい言葉を使いがちだし、素人の言葉で話すのは苦手なんだからね。素人の君が読んでわからないところがあれば、それは僕の書き方が悪いんだ。わかりやすくなるまで説明しなおすから、どしどし聞いてくれたまえ」と言われたのである。それでも私はまだ恐ろしかったが、「訳者には物理学に関してずぶの素人を」という条件には確かに当てはまる。そこでとうとう恐るおそるお引き受けしたのだった。

先生はまるで手品師のような人である。彼の話を聞いているとどんな難解な話題であっても、何となくすっきりとわかった気持になるのはまったく不思議なことだ。(もっともその理論を今度は自分で誰かに説明しようとしても、そう簡単にはいかないのだが。) しかも先生は『ご冗談でしょう、ファインマンさん』でもわかるように、難問があればどうしてもこれを解決するまではやめられないという自称「パズルマニア」でもあった。この本もそもそも友人アリックス・モートナー夫人のため、数式をいっさい使わずにQEDをやさしく解説できないものか、というチャレンジに取り組むうち自然にできあがったものだという。

その著者が世を去られてすでに二十年近くの年月が過ぎたが、彼は一見難解で人が怖気をふるうような物理学や数学の理論を、そのユーモラスな語り口をとおして誰にでもわかるような形で語ることのできる、ごく珍しい学者の一人だった。二〇世紀の理論物理学界を代表するスーパー頭脳でありながら、少しでも興味を示す者には、とことんまで説明する手間を惜しまなかった先生の暖かく魅力的な姿が、この本にはよく表れていると思う。カリフォルニア工科大学卒業式の式辞で卒業生一同に「諸君が科学者として話をしているとき、たとえ相手が素人であっても決してでたらめを言ってはならない……あくまでも誠実に、何ものもいとわず誠意を尽くして語ることこそ科学者の責任である」と諭された先生は、生涯嘘をついたことがめったに無いというまっ正直な人であった。なにしろノーベル賞を受けたかの「くりこみ」の理論すら、あれはどうも眉唾ものだ、こんなに単純な方法を説明するのに、これほどたくさんの言葉を弄さなくてはならないようでは決して良い数学とは言えない、と告白して憚らないのだ。

二十年前の翻訳作業中にも、現代文庫に入ることになった今再読するうちにも、往年の著者のひょうひょうたる風貌とあいまって、それこそ古代ギリシアの哲人がオリーブの樹蔭で二、三の若者を相手に真理について徹底的に語り合う、といった純粋な「教育」の根源の在り方を、私は眼の当たりにする思いだった。それにしてもいくら著者からの要望とはいえ、あのとき物理学にはまったく無縁の訳者起用に同意された岩波書店は、さぞかし気を揉まれたにちがいない。今考えてみるとずいぶん思い切ったことをされたものである。

おかげで私は一世一代のチャレンジに立ち向かうことになり、著者はもちろん釜江常好教授(現スタンフォード大学線型加速器センター)および友人ラルフ・レイトン氏、そして岩波書店の編集者の暖かい励ましと助けとを得て、苦しみながらも楽しく大任をはたすことができたのは、最上の幸せだった。そのとき原著タイトルページに、ファインマン・ダイアグラムとともに書きこんでくださった献辞"To Masako, my favorite translator"を見るたび、まさに感無量である。

とはいえせっかくのファインマン先生のQEDの愉快な理論を、私の無知のために誤って訳しては、この本の楽しみをわかちあってくださる読者の方々に申しわけない。そこでもともとこの本を日本の読者にと岩波書店に勧められた釜江先生に、共訳者として理論の解釈に誤りがないかどうかの徹底的な検討をお願いすることになった。ずぶの素人である私が自分によくよくわかるまで咀嚼し、それから訳してゆくという方法をとったため、訳し過ぎの点、説明のくどすぎる点も多くあったに違いなく、訳語にも不適当なものが多かったと思うが、これを直しながらよりわかりやすい訳文にするという非常に厄介な仕事を、快く引きうけてくださった釜江先生には感謝の言葉もみつからない。またその御弟子であり当時バークレーで日米共同研究に参加しておられた高橋忠幸氏にも、たいへんお世話になった。あらためてお礼を申しあげたい。訳稿について直接ご助力くださった岩波書店の桑原正雄氏、岩波現代文庫の編集者永沼浩一氏、夫大貫泰にも深く感謝している。
ファインマン先生がこよなく愛するQEDの面白さを、この本を通じて日本の読者の皆さんに少しでも味わっていただけたら、訳者としてこんなに嬉しいことはない。

二〇〇七年五月

カリフォルニア州アルタデナにて

大貫昌子

本書は一九八七年、岩波書店より刊行された。

光と物質のふしぎな理論
—私の量子電磁力学　　R. P. ファインマン

2007年 6月15日　第1刷発行
2024年12月25日　第17刷発行

訳　者　釜江常好《かまえつねよし》　大貫昌子《おおぬきまさこ》

発行者　坂本政謙

発行所　株式会社 岩波書店
〒101-8002 東京都千代田区一ツ橋 2-5-5

案内 03-5210-4000　営業部 03-5210-4111
https://www.iwanami.co.jp/

印刷・精興社　製本・中永製本

ISBN 978-4-00-600177-3　Printed in Japan

岩波現代文庫創刊二〇年に際して

二一世紀が始まってからすでに二〇年が経とうとしています。この間のグローバル化の急激な進行は世界のあり方を大きく変えました。世界規模で経済や情報の結びつきが強まるとともに、国境を越えた人の移動は日常の光景となり、今やどこに住んでいても、私たちの暮らしは世界中の様々な出来事と無関係ではいられません。しかし、グローバル化の中で否応なくもたらされる「他者」との出会いや交流は、新たな文化や価値観だけではなく、摩擦や衝突、そしてしばしば憎悪までをも生み出しています。グローバル化にともなう副作用は、その恩恵を遥かにこえていると言わざるを得ません。

今私たちに求められているのは、国内、国外にかかわらず、異なる歴史や経験、文化を持つ「他者」と向き合い、よりよい関係を結び直してゆくための想像力、構想力ではないでしょうか。

新世紀の到来を目前にした二〇〇〇年一月に創刊された岩波現代文庫は、この二〇年を通して、哲学や歴史、経済、自然科学から、小説やエッセイ、ルポルタージュにいたるまで幅広いジャンルの書目を刊行してきました。一〇〇〇点を超える書目には、人類が直面してきた様々な課題と、試行錯誤の営みが刻まれています。読書を通した過去の「他者」との出会いから得られる知識や経験は、私たちがよりよい社会を作り上げてゆくために大きな示唆を与えてくれるはずです。

一冊の本が世界を変える大きな力を持つことを信じ、岩波現代文庫はこれからもさらなるラインナップの充実をめざしてゆきます。

（二〇二〇年一月）

G457
現代《いま》を生きる日本史
須田努
清水克行

縄文時代から現代までを、ユニークな題材と最新研究を踏まえた平明な叙述で鮮やかに描く。大学の教養科目の講義から生まれた斬新な日本通史。

G458
小国
―歴史にみる理念と現実―
百瀬宏

大国中心の権力政治を、小国はどのように生き抜いてきたのか。近代以降の小国の実態と変容を辿った出色の国際関係史。

G459
〈共生〉から考える
―倫理学集中講義―
川本隆史

「共生」という言葉に込められたモチーフを現代社会の様々な問題群から考える。やわらかな語り口の講義形式で、倫理学の教科書としても最適。「精選ブックガイド」を付す。

G460
〈個〉の誕生
―キリスト教教理をつくった人びと―
坂口ふみ

「かけがえのなさ」を指し示す新たな存在論が古代末から中世初期の東地中海世界の激動のうちで形成された次第を、哲学・宗教・歴史を横断して描き出す。〈解説〉山本芳久

G461
満蒙開拓団
―国策の虜囚―
加藤聖文

満洲事変を契機とする農業移民は、陸軍主導の強力な国策となり、今なお続く悲劇をもたらした。計画から終局までを辿る初の通史。

2024.12

G467
コレモ日本語アルカ？
—異人のことばが生まれるとき—
金水　敏

ピジンとして生まれた〈アルヨことば〉は役割語となり、それがまとう中国人イメージを変容させつつ生き延びてきた。〈解説〉内田慶市

G468
東北学／忘れられた東北
赤坂憲雄

驚きと喜びに満ちた野辺歩きから、「いくつもの東北」が姿を現し、日本文化像の転換を迫る。「東北学」という方法のマニフェストともなった著作の、増補決定版。

G469
増補　昭和天皇の戦争
—「昭和天皇実録」に残されたこと・消されたこと—
山田　朗

平和主義者とされる昭和天皇が全軍を統帥する大元帥であったことを「実録」を読み解きながら明らかにする。〈解説〉古川隆久

G470
帝国の構造
—中心・周辺・亜周辺—
柄谷行人

『世界史の構造』では十分に展開できなかった「帝国」の問題を、独自の「交換様式」の観点から解き明かす、柄谷国家論の集大成。佐藤優氏との対談を併載。

G471
日本軍の治安戦
—日中戦争の実相—
笠原十九司

治安戦(三光作戦)の発端・展開・変容の過程を丹念に辿り、加害の論理と被害の記憶からその実相を浮彫りにする。〈解説〉齋藤一晴

岩波現代文庫[学術]

G472
網野善彦対談セレクション 1 日本史を読み直す
山本幸司編

日本史像の変革に挑み、「日本」とは何かを問い続けた網野善彦。多彩な分野の第一人者たちと交わした闊達な議論の記録を、没後二〇年を機に改めてセレクト。(全二冊)

G473
網野善彦対談セレクション 2 世界史の中の日本史
山本幸司編

戦後日本の知を導いてきた諸氏と語り合った、歴史と人間をめぐる読み応えのある対談六篇。若い世代に贈られた最終講義「人類史の転換と歴史学」を併せ収める。

G474
明治の表象空間(上) —権力と言説—
松浦寿輝

学問分類の枠を排し、言説の総体を横断的に俯瞰。近代日本の特異性と表象空間のダイナミズムを浮かび上がらせる。(全三巻)

G475
明治の表象空間(中) —歴史とイデオロギー—
松浦寿輝

「因果」「法則」を備え、人びとのシステム論的な「知」への欲望を満たす社会進化論の跋扈。教育勅語に内在する特異な位相の意味するものとは。日本近代の核心に迫る中巻。

G476
明治の表象空間(下) —エクリチュールと近代—
松浦寿輝

言文一致体に背を向け、漢文体に執着した透谷・一葉・露伴のエクリチュールにはいかなる近代性が孕まれているか。明治の表象空間の全貌を描き出す最終巻。〈解説〉田中 純

2024. 12

岩波現代文庫[学術]

G477
シモーヌ・ヴェイユ
冨原眞弓

その三四年の生涯は「地表に蔓延する不幸」との闘いであった。比類なき誠実さと清冽な思索の全貌を描く、ヴェイユ研究の決定版。

G478
フェミニズム
竹村和子

最良のフェミニズム入門であり、男／女のカテゴリーを徹底的に問う名著を文庫化。性差の虚構性を暴き、身体から未来を展望する。〈解説〉岡野八代

G479
増補 総力戦体制と「福祉国家」
—戦時期日本の「社会改革」構想—
高岡裕之

戦後「福祉国家」とは全く異なる総力戦体制＝「福祉国家」の姿を、厚生省設立等の「戦時社会政策」の検証を通して浮び上らせる。

G480-481
経済大国興亡史 1500-1990(上・下)
チャールズ・P・キンドルバーガー
中島健二訳

繁栄を極めた大国がなぜ衰退するのか――国際経済学・比較経済史の碩学が、五〇〇年にわたる世界経済を描いた。〈解説〉岩本武和

G482
増補 平清盛 福原の夢
髙橋昌明

『平家物語』以来「悪逆無道」とされてきた清盛の、「歴史と王家への果敢な挑戦者」としての姿を浮き彫りにし、最初の武家政権「六波羅幕府」のヴィジョンを打ち出す。

岩波現代文庫[学術]

G483-484

焼跡からのデモクラシー(上・下)

―草の根の占領期体験―

吉見義明

戦後民主主義は与えられたものではなく、戦争を支えた民衆が過酷な体験と伝統的価値観をもとに自ら獲得したことを明らかにする。

2024. 12